"永远的黄河"丛书

黄河宁
天下平

黄河水利委员会新闻宣传出版中心　组编

祖士保　主编

中原出版传媒集团
中原传媒股份公司

大象出版社
·郑州·

图书在版编目（CIP）数据

黄河宁　天下平 / 黄河水利委员会新闻宣传出版中心组编. — 郑州：大象出版社, 2021. 6
（"永远的黄河"丛书）
ISBN 978-7-5711-1024-6

Ⅰ. ①黄… Ⅱ. ①黄… Ⅲ. ①黄河–水利史
Ⅳ. ①TV882. 1

中国版本图书馆 CIP 数据核字（2021）第 055873 号

"永远的黄河"丛书

黄河宁　天下平
HUANG HE NING　TIANXIA PING

黄河水利委员会新闻宣传出版中心　组编

主　编　祖士保

编写者　张　涛　孙汇锦　张雅娟　安亚菲　段慧如　张亚强

审　稿　于自力

出 版 人　汪林中

责任编辑　阮志鹏　张　欣

责任校对　李婧慧　张英方　倪玉秀

装帧设计　王莉娟

出版发行　大象出版社（郑州市郑东新区祥盛街 27 号　邮政编码 450016）
　　　　　发行科　0371-63863551　总编室　0371-65597936

网　　址　www.daxiang.cn

印　　刷　郑州新海岸电脑彩色制印有限公司

经　　销　各地新华书店经销

开　　本　720 mm×1020 mm　1/16

印　　张　13.5

字　　数　144 千字

版　　次　2021 年 6 月第 1 版　2021 年 6 月第 1 次印刷

定　　价　39.00 元

若发现印、装质量问题，影响阅读，请与承印厂联系调换。

印厂地址　郑州市鼎尚街 15 号

邮政编码　450002　　　　　电话　0371-67358093

目　录

第六章　实现黄河长治久安 /173

第一章

天生一条黄河

黄河，举世闻名的万里巨川，哺育了伟大的中华民族，孕育了光辉灿烂的华夏文明。但因决溢改道频繁，黄河也曾给人们带来深重的灾难。几千年来，为治理黄河洪水灾害，历朝历代都把治理黄河作为治国安邦的一件大事，提出过许多治理方略。然而，由于生产力水平有限，在过去的几千年里，"黄河宁，天下平"只是人们遥远的梦想。

第一节　黄河，你从哪儿来

在漫长的历史长河中，黄河是什么时候出现的？它又是如何形成的？对于黄河的身世，人们一直在不停地探索与追问。

"君不见，黄河之水天上来，奔流到海不复回。"唐代大诗人李白在《将进酒》中写出了黄河奔流入海的磅礴与壮观。

壮观的黄河

黄河是数十亿年来地球永不停息的地质构造运动的产物。随着生产力和科技的发展，大量地质勘探资料和现代科技手段给我们勾勒出了黄河产生和演化的雄伟画卷。

说起黄河的身世，还要追溯到远古时代，当时地球表面大部分被海水覆盖。17亿年前，伴随着一场轰轰烈烈的地质构造运动，华夏大地上最早的陆核（今嵩山一带）于浩瀚的海洋中率先隆起并浮出水面。随后，它持续抬升，形成中国范围内最早而且是面积最大的一块古陆，即黄河的先祖——华北陆块。大约4亿年前，黄河的另一位先祖西域陆块，历经沧桑沉浮，终于浮出水面，得见天日。

6700万年前，喜马拉雅山从海底崛起，使青藏高原急剧抬升，形成了西高东低三级阶梯的总体趋势，给黄河生成提供了不竭的动力。后来在剧烈的地壳运动中，华北陆块不断分裂，形成了共和湖、银川－河套湖、汾渭湖、华北湖等湖泊盆地，这些湖盆虽然互不连通，但都在孕育着伟大的黄河。而较晚形成的西域陆块则不断隆起，蜕变成巴颜喀拉山、秦岭、阴山、天山、昆仑山、祁连山等中国北部的崇山峻岭。

黄河流域三大阶梯

　　黄河流域地势西部高，东部低，由西向东逐级下降，高低悬殊，地形上大致可分为三级阶梯。第一级阶梯是流域西部的青藏高原，平均海拔4000米以上，其南部的巴颜喀拉山脉是青海境内黄河与长江的分水岭。第二级阶梯大致以太行山为界，海拔1000～2000米，包含河套平原、鄂尔多斯高原、黄土高原和汾渭盆地等较大的地貌单元。许多复杂的气象、水文、泥沙现象多出现在这一地带。第三级阶梯从太行山脉以东至渤海，由黄河下游冲积平原和鲁中南山地丘陵组成。冲积扇的顶部位于沁河口一带，海拔100米左右。

距今200万年以前，这是一个地质巨变时代，秦岭和阴山之间发生了新的地质构造运动，剧烈的地震把托克托至禹门口700多千米的山体一劈两半，湖水下泄，地水上涌，一条深邃的晋陕峡谷快速形成。

距今120万年前后，冰川融化，气候变得温暖湿润，降水量充沛，河水迅速暴涨，随着河流侵蚀、夺袭，当大大小小的峡谷湖盆被串联在一起时，黄河上、中游水系实现了贯通。不过，此时古黄河还是一条内陆河，它就像一条巨大的串珠，由峡谷河道串联起众多的湖泊，最东端因受中条山阻挡，形成了浩瀚的古三门湖。上游来水大量涌入古三门湖，使水位升高，河水透过崤山峡谷向东漫流，以顽强的毅力继续溯源下切。

距今12万年至10万年前，执着的黄河终于切穿三门峡，把"神门""鬼门""人门"一一凿开，而后进入华北平原，与中条山东侧的流水连接起来，浩浩荡荡地涌入大海。一个伟大的河流自此诞生，终于形成一条"奔流到海不复回"的大河！

黄河的源头在哪里？

黄河发源于青藏高原巴颜喀拉山北麓海拔4500米的约古宗列盆地。黄河的正源在哪里，历史上有多种说法，主要争议在卡日曲和玛曲之间。元世祖忽必烈和清康熙皇帝曾先后派人查看黄河源。1985年黄河水利委员会根据历史传统和多种水文要素，确认玛曲

"黄河源"碑

为黄河正源，并在约古宗列盆地西南的玛曲曲果，东经95°59′24″、北纬35°01′18″处，竖立了河源标志。不论黄河的正源是玛曲还是卡日曲，青海巴颜喀拉山北麓的约古宗列盆地，已是大家公认的黄河发源地。

1万多年前，青藏高原再一次抬升，黄河溯源而上，切入若尔盖盆地，黄河的上源终于变成了今天的模样。

对于黄河每个阶段演变的具体时间，专家们还有些不同的看法。但黄河由各自独立的湖盆水系，逐步演变为贯通入海的大河则是确认无疑的。

黄河孕育于距今150万年以前，在距今50万年至10万年之间初具规模。相对于46亿岁高龄的地球来说，黄河仍是一条相对年轻的河流。

若尔盖草原

第二节　九曲黄河万里沙

"九曲黄河万里沙，浪淘风簸自天涯。"唐代诗人刘禹锡在《浪淘沙》一诗中，向我们展示了黄河横空出世、奔放豪迈的气势，同时也说明了黄河是一条含沙量大、流向曲折的河流。

黄河素有"九曲黄河"之称。"九"在古代是形容多的意思，说明黄河弯曲很多。也正是因为这些百转千回的河湾，使得黄河实际流程达到 5464 千米，为河源至河口直线距离的 2 倍多。黄河水系北部和南部主要受阴山—天山和秦岭—昆仑山两大纬向构造体系的控制，西部位于青海高原"歹"字形构造体系的首部，中部受祁连山、吕梁山、贺兰山"山"字形构造体系控制，东部受新华夏构造体系影响。黄河萦回其间，随历史变迁发展为今日的九曲黄河。自河源至河口，有许多大的弯曲，包括唐克湾、唐乃亥湾、兰州湾、河套湾、潼关湾和兰考湾，计有 3 个 180 度、2 个 90 度、1 个 45 度共 6 个大的弯曲。这 6 个大的弯曲和许多小的弯曲，构成了曲折向东、蜿蜒流长的黄河。

九曲黄河

　　黄河为什么是一条黄色的河流呢？据古文献记载，两千多年前，黄河只叫"河"或"大河"。《诗经·魏风·伐檀》中描写道："坎坎伐檀兮，置之河之干兮。河水清且涟猗。"意思是指黄河之滨，伐木声声，清清河水，泛着涟漪。可见在《诗经》描述的年代，黄河的水质还是相当澄澈的。

　　"俟河之清，人寿几何"是《左传·襄公八年》一书中的名句，意思是说在人有限的寿命之中，想等到黄河变清几乎是不可能的事情。这说明当时河水已经开始浑浊了，但还没到被称为"黄河"的严重程度。

　　到了西汉，由于河水中的泥沙含量增多，有人称其为"浊河"或"黄河"。唐宋时期，"黄河"这一名称开始被广泛使用。

为什么说"跳进黄河洗不清"

　　黄河以泥沙多而闻名于世。在我国古籍中常以"黄水一石，含泥六斗""黄河斗水，泥居其七"等句来描述黄河的多沙状况。据统计，黄河下游多年年均输沙量为16亿吨，平均含沙量约为每立方米35千克。其沙量之多，含沙量之高，在世界范围内的江河中是绝无仅有的。如果把16亿吨泥沙堆成高、宽各1米的土堤，其长度为地球到月球距离的3倍，可以绕地球赤道27圈。"跳进黄河洗不清"的说法，就是由形容黄河泥沙多而得来的。同时，因黄河泥沙颗粒很细，有时河水甚至呈泥浆状态，所以沾在身体上还真不易洗净呢！

　　现代科学考察证明，黄河之所以会浑浊、变黄，是因为黄河流经黄土高原，沿途汇入了大量泥沙。到了汉代，由于人们长期以来对黄土高原进行开发，植被遭到破坏，很多草原与林地变为荒漠，厚厚的黄土全都裸露了出来。再加上黄土十分疏松，经过雨水及河水长期冲刷以后，泥沙被流水携带着由山上流到山下，由小河流进大河，使得黄河含沙量日益增大，最终把河水给"染黄"了。

黄土高原是我国四大高原之一，西起日月山，东至太行山，北界内蒙古高原沙漠区，南到秦岭，黄土覆盖总面积可达64万平方千米，土层厚度达到50～80米，最厚的地区可达250米之上。地质学家根据对黄土高原的沉积分析，将黄土中的土壤自下而上分为午城黄土、离石黄土、马兰黄土和全新世黄土四个地层。如洛川黑木沟黄土剖面，早更新世的午城黄土形成最早，厚度为数十米；中更新世的离石黄土是黄土高原黄土地层的主体，一般厚度为100～150米；晚更新世的马兰黄土分布极为广泛，一般厚度为10～30米；全新世黄土厚度一般为2～3米，其中的黑垆土层厚度为1～2米。黄土地层是多层黄土和古土壤叠加组成的，反映了古气候和古生物变化情况。

黄土高原的成因有多种说法，大多数研究者认同"风成说"。在黄土高原的西北面分布着寸草不生的戈壁，有流沙滚滚的腾格里沙漠、乌兰布和沙漠和鄂尔多斯高原的毛乌素沙漠等，这些不毛之地分布着粗细不等的岩石碎屑，成为黄土高原的物质来源，强劲的西北季风则为黄土搬运提供了不竭的

广袤的黄土高原

动力。大风把西北干旱地带的沙土和尘粉吹起，漫天飞扬的沙尘被吹落到黄土高原地区，经过百万年的积累，黄土层日渐增厚。疏松的黄土层，经流水侵蚀，形成了沟壑纵横且墚、峁广布的破碎地表，最终形成了当今的地理环境和生态环境，这就是黄土高原的形成过程。

黄土高原的水土流失是黄河泥沙的主要来源。位于黄河上、中游地区的黄土高原，植被稀疏，气候干旱，黄土结构疏松，一经雨水冲刷便随水而去，造成严重的水土流失。同时，黄河流域的降水多集中在夏秋之交，上、中游经过暴雨之后，河床中便会出现洪峰，洪水与泥沙俱下，将对下游构成严重的威胁。

砒砂岩——地球的癌症

砒砂岩深藏在黄河"几"字形臂肘的东北部、鄂尔多斯高原的一隅。这种岩石上几乎寸草不生，如砒霜一般，故称砒砂岩。砒砂岩虽然名为岩石，但由于覆盖厚度薄、成岩程度低、结构强度差，常常呈现粉末状。一旦有大雨，顷刻就会化为泥土，随雨水汇入河沟之中。在砒砂岩地区，数不清的毛沟连着支沟，数条支沟再连接成为河道，最终洪水泥沙俱下，汇入黄河，造成严重的水土

砒砂岩

流失，也成为黄河粗泥沙的主要来源。近年来，人们利用在贫瘠

缺水的岩土上也能茁壮生长的植物——沙棘，对砒砂岩地区进行治理并初见成效。沙棘是一种落叶灌木或亚乔木，一树成活，串枝成片，枝繁叶茂，落叶丰厚，它还有根瘤可以固氮，能够改良土壤，而且它的伴生性好，一些乔木如落叶松、云杉，包括一些草本植物如红柳、柠条等，可以与沙棘形成同生并长的状态，起到减少水土流失的作用。

据估计，黄河每年输送到下游的泥沙达 16 亿吨，其中 80% 以上的泥沙来源于黄土高原。上中游地区因土壤侵蚀产生的大量泥沙不断输往下游地区，经过漫长的冲刷淤积，最终塑造成了黄淮海大平原。但是，黄河频繁泛滥、改道也给下游平原地区造成了巨大的灾难。

黄河难治，根在泥沙，黄河泥沙的特点是什么？

黄河泥沙的主要特点，一是输沙量大，水流含沙量高。黄河实测最大含沙量为 911 千克每立方米（1977 年），干流三门峡站多年平均天然含沙量为 35 千克每立方米，这两项数值均为大江大河之最。二是地区分布不均，水沙异源。黄河泥沙主要来自中游的河口镇至三门峡区间，来沙量占全河的 89.1%，来水量仅占全河的 28%；河口镇以上来水量占全河的 62%，来沙量仅占 8.6%。三是年内分配集中，年际变化大。黄河泥沙年内分配极不均匀，汛期 7 ～ 10 月份来沙量约占全年来沙量的 90%，且主要集中在汛期的几场暴雨洪水中，黄河来沙量的年际变化很大，实测最大含沙量（1933 年陕县站）为 39.1 亿吨，实测最小含沙量（2008 年三门峡站）为 1.3 亿吨，年际变化悬殊，最大年输沙量约为最小年输沙量的 30 倍。

第三节　中华民族的摇篮

水是生命之源，河流孕育了人类。在社会发展初期，人们逐河而居，那里适宜的气候、肥沃的土壤、丰足的水资源，为人类的生存和发展奠定了物质基础。人类因河流而生息，文化因河流而兴盛。大河不仅孕育繁衍了一个个民族，也滋养诞生了不同的文明。

河流对人类生存发展有重要的意义，逐水而居是人类的生存本能。从距今180万年前的山西芮城西侯度人开始，黄河开始哺育华夏先人。黄河流域大部分地区森林茂密，野兽种类繁多，且四季分明、雨量丰沛、土质肥沃，易于凿洞居住。早在距今80万年前，黄河中游就有蓝田人从事渔猎活动，此后，我们的先祖大荔人、丁村人、河套人都在黄河流域繁衍生息，度过了华夏文明的金色童年。

北方广袤的黄土地和野生粟是大自然馈赠给黄河先民的礼物。黄土结构疏松，富含矿物成分，便于耕作，为原始农业的产生创造了条件。距今8000年前，在辽阔的黄土高原和黄河中下游的冲积平原上，粟作农业普遍出现，此后，黍、稻等农作物引进扩散开来。这一时期，原始畜牧业和原始手工业得到迅速发展，人们终年在黄土地上辛勤劳作、驯养家畜、抟土制陶，成了黄土地真正的主人。在这里，他们披荆斩棘，辛勤劳作，繁衍生息，从8000年前的裴李岗文化、6000年前的仰韶文化、继而兴起的龙山文化等，一处处远古文化遗存，像夜空中闪烁的繁星，昭示着黄河流域曾经的人类篝火。它们像一部史书，记载了黄河流域远古人类活动的悠久历程，它们又像一幅幅绚丽的画卷，展示着中华先民在漫长岁月里推动人类进化和文明发展的足迹。

黄河流域最早使用火的遗址在哪里？

黄河流域的西侯度遗址是迄今为止我国发现人类最早使用火的地方，也是世界上人类最早使用火的遗址之一。西侯度遗址位于山西芮城风陵渡镇北约 10 千米处，1959 年首次被发现。该遗址的发现，佐证了黄河地区是人类重要的文明起源地，也将人类活动的历史推到距今 180 万年前。

现在的黄河流域，大部分地区干旱少雨，而在远古时代，这里的气候比如今要优越得多，温和湿润，雨量充沛，光照时间长，对农作物生长非常有利。大约在 4000 年前，黄河流域就已经聚居了许多血缘氏族和部落。其中，以黄帝和炎帝两大部落最为强大。黄帝又号轩辕氏，其族发祥于陕西北部的姬水，定居在黄河中下游的中原地带。炎帝号神农氏，最初活动在黄河中游渭水流域的姜水。在各部落为土地和食物进行的战争中，黄帝部落击败炎帝部落，夺取了盟主地位，炎黄两部落便逐渐融合，在中原地区定居下来，共

炎黄二帝雕塑

同发展黄河流域的经济文化，使黄河流域成为中华民族的摇篮。

　　黄河流域土壤肥沃，为发展农耕提供了极好的条件，我国历史上第一个国家"夏"就在黄河流域建立国都。据《诗经》记载，在殷商时期，黄河中下游地区就已经广泛采用沟洫灌溉技术。战国时期，群雄争霸，各国普遍重视农耕，黄河下游出现了我国历史上第一个大型农田水利工程——漳水十二渠。公元前361年，魏惠王开工修建沟通黄河与淮河水系的鸿沟工程。鸿沟主要用于航运，在水量富余时也可用于灌溉。黄河下游兴起、成熟的大型农田水利工程，很快传入黄河中游的关中平原。郑国渠的修建，形成了关中灌溉网，支撑了秦、西汉、隋、唐等几个强大王朝的农田水利。在黄河上游地段，著名的银川灌区和内蒙古河套灌区也在秦汉之际兴起。黄河流域的农田水利事业在唐代前期出现了鼎盛局面，除了关中灌区、河内灌区，汾水流域也兴建了大批灌溉渠道。到了北宋，黄河流域农田水利事业大力发展，在黄河干支流引黄放淤，改良土壤，提高粮食产量，使黄河水沙综合利用发展到一个新的阶段。北宋后期，由于战乱频仍，黄河决口改道频繁，引黄灌溉设施遭到严重破坏，宋室南迁之后，我国农业经济中心转向江南。在漫长的农耕文明时期，黄河水道沟通南北，作为重要的交通运输通道和经济发展的大动脉，在保持国家稳定、维护国家统一的历史进程中扮演了重要角色，发挥了重要作用。

　　远古以来，黄河水系供应人畜用水、浇灌农田、运河航运，使黄河流域经济和文化得到巨大发展，孕育了华夏文明。长期以来，黄河流域一直是我国政治、经济、文化中心。郑州、西安、洛阳、开封、安阳等历史文化古都均在黄河流域，三秦文化、中原文化、齐鲁文化也皆孕育于此。在这里，勤劳勇敢、坚韧智慧的先人创造了绚丽灿烂的中华文化，《易经》《道德经》《尚书》《论语》等一部部国学经典在此诞生，从《诗经》到汉赋、唐诗、宋词、元曲及明清小说等文学艺术经典，如黄河之水源远流长。黄河流域也是科学技术文化的发源地，从造纸术、印刷术、指南针、火药等四大发明到天文历法、数学、医学、农学、地理学、水利等，古代的一些重大科学技术成果皆诞生在这片土地，农耕经济发展一直遥遥领先。

黄河流域农田发展景象

中华文明的源头——河图洛书

河图洛书是远古时代流传下来的两幅神秘图案，源自天上星宿，蕴含着深奥的宇宙星象密码，被誉为"宇宙魔方"，历来被认为是中华文明的源头。相传，上古伏羲氏时洛阳东北孟津县境内（今洛阳孟津区）的黄河中浮出龙马，背负"河图"献给伏羲。伏羲依此而演成八卦，后为《周易》来源。又相传，大禹时洛阳西洛宁县境内的洛河中浮出神龟，背驮"洛书"献给大禹。大禹依此治水成功，遂划天下为九州。又依此定九章大法，治理社会，流传下来收入《尚书》中，名《洪范》。《易·系辞上》中说"河出图，洛出书，圣人则之"，在后世一些学者的理解中，就是指这两件事。河图上排列成数阵的黑点和白点，蕴藏着无穷的奥秘；洛书上纵、横、斜三条线上的三个数字，其和皆等于15，十分奇妙。对此，中外学者进行了长期的探索研究，认为这是中国先民智慧的结晶，是中国古代文明的第一个里程碑。《周易》和《洪范》两书，在中华文化发展史上有着重要的地位，在哲学、政治学、军事学、伦理学、美学、文学等诸领域产生了深远影响。作为中华文明源头的河图洛书，功不可没。

黄河流域还是中华民族精神的发源地。接纳百川、汇聚千流的九曲黄河培育了中华民族兼容并包的气度，塑造了中华民族自强不息的民族品格，激发了华夏儿女伟大的创造精神、团结精神和拼搏精神，这些品格和精神是中华民族的根与魂，凝聚着中华儿女的智慧和力量，是中华儿女永远的精神家园。

黄河是一条给中华民族带来机遇和福祉的命脉之河。在黄河的怀抱里，中华民族横空出世，并永远屹立于世界民族之林。

第四节　黄河流域生态环境演变

　　地质和气候学家通过地质勘探、考古发掘及对西北地区黄土地层中的植物孢粉、动物遗骸等进行综合研究，取得了许多重要的成果，结合有关史料记载，我们可以对黄河流域自然环境的变迁有一个大体的了解。

　　距今 4000 ～ 8500 年间，黄河流域总体上气候温暖湿润，当时年均气温比现在高出 2 ～ 3℃，年降雨量也比现在高出一倍以上，黄河流域年均径流量应在 900 亿立方米以上。

　　春秋时期以前，黄河中游的黄土高原不像如今这般支离破碎，除了覆盖茂密森林的山地，绝大部分地区都是地势高起而上面平坦的"原"，原上有森林、草原等植被。在原和原之间则是较为低湿的河谷台地，称为"隰"，也是比较宽阔且宜于发展耕作的地带。如今的平凉、庆阳地区那时被称为大原，是一片广阔的草原，著名的董志原就是其中的一部分。直到百十年前当地还有"八百里秦川，抵不过董志原一边"的民谚，说明董志原是绝佳的农业生产区。

　　黄河下游的地貌也不像今天平坦无垠，除了冲积平原，还有凸起的丘、陵、冈、阜等高地，高地上覆盖着茂密的森林植被。高地之外则是数以百计的大小湖泊，宛若今天的江南水乡。其中面积较大的湖泊，在山东境内有大野泽、菏泽、雷夏泽，在河南境内有荥泽、圃田泽和孟渚泽，在河北境内有大陆泽等。黄河进入华北平原后，蜿蜒于高地和湖泊之间，进入黄河下游的泥沙含量较少，加之河流有较大的调节库容，使人们有足够的回旋余地，而且下游气候温和、四季分明、土地肥沃、适宜农耕，因而成为中华民族繁衍生息的沃土，同时也成为中华文明产生和发展的摇篮。

河南简称"豫"的由来

河南省因所辖地域历史上大部分位于黄河以南，故名河南。远古时期，黄河中下游地区河流纵横，森林茂密，野象众多。

据史料记载，大禹治水时，将天下分为九州，首都阳城所在的地方就称为豫州。古时候"凡大皆称豫"，《尔雅》中也说过："豫，乐也，厌也，安也，舒也。"所以，"豫"在以前表示很尊贵的意思。

根据历史记载，《吕氏春秋》中就有"商人服象"的描述。而在安阳殷墟被发掘的过程中，考古工作者还发现了刻有"其来象三"和"癸亥贞象"的甲骨文。不仅如此，在郑州、安阳都发现过大象的骨头和剑齿象的化石。可以证明：在3000年前，河南曾经有大量的大象生存。因此，河南又被人们描述为人牵象之地，这就是象形字"豫"的起源，也是河南简称"豫"的由来。

根据史料记载以及古地理和古气候的研究成果，距今3000年以来，黄河流域的自然状况发生了明显的变化，气候变干、变冷，降雨量减少，和现今的气候已大体相仿。受气候变化影响，黄河流域西北地区森林减少，草原退化，草原和森林的分界线向南推移。

除气候变化外，随着铁器的出现，土地的垦殖，黄河下游地区的森林植被开始遭到破坏。春秋时期，农业地区还局限于泾渭下游及其以东地区，黄土高原遭到的侵蚀尚不明显。

战国后期，人类活动对自然环境的影响大大加剧。秦、赵两国在北部边陲开拓疆土、设置郡县，迁移人口进行垦殖，把部分草原区变为农业区，改变了生态环境。

秦汉两朝大肆砍伐林木，营建都城、宫殿、陵墓及高第豪宅，导致黄河流域天然森林资源减少。秦汉时期还在河套、河西地区移民屯垦，在北方边郡大修长城、移民戍边，进一步加剧了对黄河上、中游草原、森林的破坏，导致黄土高原水土流失加剧，输入黄河的泥沙激增，使得黄河及许多重要支流变得浊浪滚滚。

唐代中、后期国家统一，国力强大，为了加强对北方游牧地区的管理，朝廷设置了更多的州县。州县的设置使人类活动范围向更北的地区扩展，森林遭到砍伐，草原被开垦成农田，生态环境出现明显的退化。鄂尔多斯高原在5世纪初还是广阔无边的草原，大夏国曾在此建国都统万城，到宋代这里已成为不毛之地。

北宋以后，由于人口的增加，烧柴和建筑需要的木材越来越多，不仅关中及其周围地区的森林遭到大量砍伐，而且砍伐范围还向陇西和吕梁山北部地区快速发展。

明清时期人类活动对环境的影响呈进一步加重趋势。明代为了巩固边防，在黄河中游重新修筑长城，设置州、县，实行屯田制。清代人口剧增，加剧了土地的开垦。明清时期对森林的破坏也远超以前各个朝代。从明代中叶起，整个黄河中游都受到毁灭性的破坏。导致黄土高原上的群山除极

统万城遗址

少数外，皆已成为濯濯童山。

清朝时期黄河泥沙堆积，华北平原淤积抬高了十几米到几十米，随着黄河泥沙的积淀，许多丘、陵、冈、阜被泥沙埋没，众多湖泽被淤为平地，较之春秋战国时期已经面目全非了。

消失的古济水

济水，古代四渎之一，是黄河下游的一条重要支流，发源于今河南，流经山东入渤海。现在黄河下游的河道就是原来的济水的河道。今河南济源，山东济南、济阳、济宁，都从济水得名。

相传，济水发源于河南省济源市王屋山上的太乙池，济源因是济水的发源地而得名。源水以地下河向东潜流 70 余里，到济渎和龙潭地面涌出，形成珠（济渎）、龙（龙潭）两条向东的河流，不出济源市境就交汇成一条河，至温县西北始名济水。后第二次潜流地下，穿越黄河而不浑，在荥阳再次神奇浮出地面，济水流经原

见证济水历史的济渎庙

阳时，南济三次伏行至山东定陶，与北济汇合形成巨野泽，济水三隐三现，百折入海，神秘莫测。

随着历史的推移和地貌的变迁，济水在东汉王莽时出现旱塞，唐高宗时又通而复枯。同时，黄河多次改道南侵，济水下游逐渐为其所夺，黄河冲入济水河床而入海。济水安宁，现济宁市就是原来济水中间北上的地方。黄河下游地段以及大清河（原址为东平湖到黄河入海口一段）、小清河（东阿镇西东平湖入黄河的一小段河）就是原济水故道。济水的河道被黄河"霸占"之后，其名声与地位也渐渐被黄河独享。

总之，从战国到清代的 2000 多年间，西北地区的自然环境和社会环境都发生了巨大的变化，气候变干、变冷，降雨量减少，土地旱化，河湖萎缩，草原边界自然向南推移，加上人口增加，人类活动对自然的影响加剧，森林砍伐、草原垦殖、植被破坏、土地沙化，致使进入黄河的泥沙不断增加，黄河下游的淤积也日趋严重，使之成为地上悬河，从而诱发河道的迁徙和严重的洪灾。

当黄河奔出峻岭峡谷，持续在华北平原恣意横流时，人们又开始抱怨它桀骜不驯、喜怒无常了。从战国时代起，为了控制黄河漫流狂奔，世世代代的人们顺着黄河变迁的路径，在华北平原的脊背上筑起两道长堤，把黄河束成一线送往大海。

黄河孕育了中华文明，又将一条桀骜不驯的悬河横亘在世人面前。

第五节　迁徙不定的下游河道

在历史上，黄河流域经常泛滥成灾。据记载，2000多年来，黄河下游较大规模的改道有26次，其中7次改道影响巨大，改道范围北至天津，南到江苏、安徽，面积达25万平方千米。

关于黄河下游河道的记载最早见于《尚书·禹贡》，书中记述的禹河大约就是战国及其以前的古黄河，从夏、商至西周时期，至少行河1500多年。禹河在下游自然漫流期间，沿途接纳了由太行山流出的各个支流，水势较大，河道流路较稳，其行径是"东过洛汭，至于大伾，北过降水，至于大陆，又北播为九河，同为逆河，入于海"。这条河道自三门峡东行，在孟津以下汇合洛水等支流，改向东北流，经今河南省北部，再向北流入河北省，又汇合漳水，向北流入今邢台巨鹿以北的古大陆泽中。然后分为几支，顺地势高下向东北方向流入大海。又因受海潮的顶托，故称为"逆河"。

从西周开始，黄河下游河道及其两侧的地面不断淤积抬高，迫使黄河逐步向东、向南迁徙。此后，黄河下游河道大体上以孟津为顶点，北抵天津，南达江淮，在黄淮海大平原上，经历了从北到南、从南到北的7次大规模变动。

周定王五年（前602年），黄河发生了有记载的第一次大改道。春秋后期，诸侯国相继筑堤，"壅防百川，各以自利"。由于堤防约束，河床淤高，黄河于周定王五年在黎阳宿胥口（今河南浚县西南，淇河、卫河合流处）决徙，主流由北流改向偏东北流，经今濮阳、大名、冠县、临清、平原、沧州等地于黄骅入海。这条新河在禹河故道之南。

史籍中的"禹河"是指什么河道?

《禹贡》记述的禹河指大禹治水后形成的河道,即战国及战国以前的古黄河,也是史籍中记述最早的黄河下游河道。它在今孟津出峡谷后于孟州和温县一带折向北,经沁阳、修武、获嘉、新乡、卫辉、淇县(古朝歌)、汤阴及安阳、邯郸、邢台等地东侧,穿过大陆泽,散流入渤海。

夏、商、周时代,黄河下游河道呈自然状态,低洼处有许多湖泊,河道串联湖泊后分为数支,游荡弥漫,同归渤海,史称禹河。

黄河第二次大改道发生在汉武帝元光三年(前132年),在今河南濮阳西南瓠子决口,再次向南摆动,决水东南经巨野泽,由泗水入淮河。23年后虽然进行过堵塞,但不久复决向南分流为屯氏河,六七十年后才归故道。

西汉王莽始建国三年(11年),黄河于魏郡决河改道,此为黄河第三次改道。当年"河决魏郡,泛清河以东数郡"(《汉书·王莽传》)。其流路大体是经濮阳、聊城、商河、惠民于利津入海。据汉书记载,决口后因河迁东去,王莽元城祖坟不受洪水威胁,故未予堵塞,以至黄河在决口以下泛滥数十年,至东汉永平十二年(69年)王景治河时才修了荥阳至千乘(今利中一带)千余里堤防,形成了稳定的河道。

黄河第四次大改道在宋仁宗庆历八年(1048年)河决商胡,改道北流。北宋初期,黄河决口不断,出现了不少短时期、短距离的分流河道。庆历八年六月,黄河再次改道,冲决澶州商胡埽(今河南濮阳东北),向北直奔大名,经聊城西至今河北青县境与卫河相合,然后入海。宋人称此河为"北流",12年后,黄河在商胡埽下游今南乐西度决口,分流经今朝城、馆陶、乐陵、无棣入海,宋人称此河为"东流"。北宋时曾数次决定堵塞"北流",稳定"东流",但均未成功,直至北宋灭亡。这次改道从地域上讲是一次大改道,其间决口频繁，"北流""东流"交替行河。

北宋回河之争

宋仁宗庆历八年，黄河在澶州商胡埽决口，泛滥大名府，恩、冀等州，至乾宁军（今河北青县）东北入海，是为北流（原入海处在今山东东营利津区附近）。让黄河主流走唐代延续下来的"京东故道"（即东流），还是走宋庆历八年以后形成的"商胡大道"（即北流），上自皇帝，下至群臣，许多人参与治河方案的讨论与争辩，历史上称之为"回河之争"。这一争论断断续续四五十年。这本来是一个很清楚的工程技术问题，只要治河者独立认真地勘测对比一下新旧河道的河流大势，问题并不难解决。但是由于当时的治河与北宋社会的政治、经济、民族矛盾复杂地交织在一起，再加上朝廷内部党争的成见，竟使得治河问题变得异常复杂，在整个北宋王朝（主要是仁宗、神宗、哲宗三朝），三次想用人力强行逼河回归东流，但在实践中均遭到惨败。以至于到了北宋末年有人在总结这一时期的治河时发出了"河为中国患，二千岁矣。自古竭天下之力以事河者，莫如本朝。而徇众人偏见，欲屈大河之势以从人者，莫甚于近世"的感叹。

黄河第五次改道发生在南宋建炎二年（1128 年），杜充决河改道。为抵御金兵南下，开封留守杜充在滑州人为决开黄河堤防，使黄河向东南分由泗水和济水入海。黄河至此由北入渤海改为南入黄海。在 1855 年前，黄河主要是在南面摆动，虽然时有北冲，但均被人力强行逼堵南流，南流夺淮入海期间，郑州以下、清口以上的黄河主流迁徙不定。由泗水或汴水，或涡水入淮，或由颍水入淮，或同时分几支入淮。直到明代后期潘季驯治河以后，黄河才基本被固定在开封、兰考、商丘、砀山、徐州、宿迁、淮阴一线，即今之明清故道，行水达 300 年之久。

黄河第六次大改道发生在清咸丰五年（1855 年），在河南兰阳（今河南兰考县境）铜瓦厢决口改道，再次摆回到北面，行经今河道，北流入渤海。金元以后至明清期间，保运河漕运已成为治河的重要目标，在黄河堤防修守上重北轻南，北岸堤防强固，南岸薄弱，常形成在颍、泗之间分流入淮的形势，因此南部淤积严重。经历 200 多年，南部地势大大升高，至今明清故道仍比北部高出 4 ~ 6 米。在此形势下，河势向北回归已成大势所趋。1855 年 7 月，黄河发生大水，水位骤涨 4 米左右，在铜瓦厢溃决。主流先向西北又折转东北，淹及封丘、祥符、兰阳、仪封、考城、长垣等地，后流入山东，淹及曹州、东明、濮城等地，在张秋横穿运河，夺大清河河道至利津入海。

最近一次黄河改道在 1938 年。徐州会战后，面对极其险恶的战局形势，国民党政府决定掘开黄河堤防，以水代兵，阻止日军继续进犯，这就是震惊中外的黄河花园口决口改道。这次改道在豫、皖、

1938 年 6 月，国民党军队扒决黄河花园口大堤

苏 3 省形成了大范围的黄泛区，导致 44 个县市受淹，受灾人口达 1250 万，5400 平方千米的黄泛区饥荒连年，造成了一场惨绝人寰的空前灾难。

黄河频繁决溢改道，症结在于水少沙多，水沙不平衡。黄河流经黄土高原时携带大量泥沙，由于中游峡谷地段比降大，输沙能力强，不易沉积，而进入下游后河面开阔，地势平坦，输沙能力大大降低，泥沙沉积，河床不断升高，升高到一定程度，河道就寻找低洼顺畅之处重新行洪。北起天津、南达江淮，华北大平原就是黄河携带泥沙周而复始造陆的杰作。携带巨量泥沙

的黄河将低洼河道填满之后，将开启新的旅程，因此河道的摆动是一个不可遏制的过程，这就是黄河改道的自然原因。

此外，黄河改道也有人为原因。进入战国时期，由于铁器的普遍应用，人们生产能力不断提高，人类活动对黄河河道的影响也越来越大。在中游，人们大规模地开垦荒地，发展农业，使森林、草场不断遭到破坏，加剧了水土流失。在下游，人们为了发展生产，限制洪水淹没范围，堤防应运而生。战国时期，堤防就达到了一定的规模，秦统一中国后堤防逐渐统一并完善起来。早期由于地广人稀，生产能力较低，大多"宽立堤防"使河道有较大的游荡范围。战国时，两岸堤防间距多在 25 千米以上。随着生产发展，为了保护更多的耕地，堤防间距越修越窄。河道堆积提高的速度也越来越快。黄河变成了地上悬河，河水居高临下，决溢由此不绝，改道也越来越频繁。

黄河改道的历史是一部水沙关系由相对平衡到不平衡的演变史；是中上游侵蚀、下游堆积，移山不止、填海不息的运动史；是人们开发利用黄河，力图控制黄河，而黄河又依照自然规律不断寻求容沙空间的自然史。如何利用黄河的水土资源为经济社会的发展服务，同时又顺应自然规律给黄河泥沙寻求堆放的空间，将是今后黄河治理的一项根本任务，它还将继续考验一代代治河人的能力和智慧。

第六节　沉重的黄河水患

据历史文献记载，自公元前602—1938年的2540年中，黄河在下游决口的年份多达543年，平均约四年半一次，有时一年中决溢多次，总计决溢达1593次。洪灾波及范围北达天津，南抵江淮，包括冀、鲁、豫、皖、苏5省。肆虐的黄河水患，给下游两岸人民带来了深重的灾难。

黄河决口主要有哪几种形式？

黄河决口主要分为溃决、漫决与冲决三种形式。溃决，是指由于堤身或堤基存在隐患，大堤偎水后，因管涌、渗水、漏洞、坍塌或抢护不及时而决口。漫决，是指洪水超出堤防高程，从堤顶漫水并冲垮大堤。冲决，是指河势在两道大堤之间游荡摆动，出现"斜河""横河"，主流直冲大堤，造成堤防坍塌而决口。

黄河在远古时期就有洪水泛滥的传说。在帝尧时期，黄河流域经常发生洪水。到了商代河患频繁，商朝统治者曾六次迁都以避黄河水患。到了战国时期，人们为了约束洪水，开始在黄河下游两岸修筑堤防。堤防在缩小了洪水灾害损失的同时也缩小了河道的范围，导致大量泥沙不断淤积在下游河道，日积月累，形成了河床明显高于两岸的"悬河"，悬差可达数米或十多米。奔腾的河水仅靠两条堤防束缚是不够的，洪水一旦破堤决口，河水居高临下，一泻千里，其摧毁作用远远超过一般的平原河流。

最早的黄河大堤形成于什么年代？

　　西周时期，随着生产力进一步发展，黄河下游的肥田沃土被大量开垦，人口逐渐密集。为防御黄河洪水摆动，堤防开始出现，春秋中期已初步形成，到了战国时期已具有相当规模。明代堤防工程的施工、管理和防守技术都达到了较高的水平，将堤防分为遥堤、缕堤、格堤、月堤4类，按照各堤的特点，因地制宜修建。现在河南兰考县东坝头和封丘县鹅湾以上的黄河大堤是在明清时代老堤的基础上加修起来的，有500多年的历史；以下是1855年黄河铜瓦厢决口改道以后，在民埝基础上陆续修筑的，也有130多年的历史。

　　汉武帝元光三年（前132年），河决濮阳瓠子堤，决口后洪水流向东南注入巨野泽，泛滥淮泗，淹及16郡，当时曾一度堵口，但堵而复决，连续23年泛滥横流，人民流离失所，灾情极其严重。东汉永平十二年（69年），王景治河以后，黄河有了一个较长的安流期，经魏晋南北朝至隋初的500年间，黄河没有决徙的记载。

　　隋唐时黄河下游人口急剧增加，随着流域开发，河堤的加高，黄河下游水灾记录渐多，至唐中后期黄河已形成地上河，河决始多，唐末至五代河患严重，而且频繁出现决堤攻城的事。

　　北宋以后，河患剧烈，决溢频繁，黄河灾害不仅威胁广大人民群众生命财产安全，而且直接威胁到历代王朝的统治，记载河患的史籍开始增加，也更加详细。北宋黄河决溢频繁，平均1～2年发生1次，灾害多，规模大。主观原因是当局治河失策，三次人工回河东流均遭失败。客观原因是东汉河道（宋称京东故道）淤高，下游湖泊淤浅，黄河分支济水等淤塞断流。北宋以前黄河无论北流或东流均注入渤海，北宋以后黄河700多年间南流夺淮入黄海。黄河北流与北泛，与海河合流，两河灾害叠加；黄河南流与南泛，与淮河合流，两河灾害频发区在豫东南、鲁西南、苏北、安徽等地。

金、元、明、清（1128—1855 年）700 多年间，黄河夺淮入海。自金至明代前期，黄河下游河道呈多股分流。在这决徙散流中，洪水淹没农田，冲毁平原上的城镇、村落。这一时期总共有 20 个城镇被洪水冲毁后迁城。还有许多

开封"城摞城"遗址

城镇虽未搬迁，但北宋的旧城今已压埋在黄土之下，成为地下城，如今开封城经黄河 7 次淹没，旧城已埋在 4.5 米深的地下。"开封城，城摞城，城下埋着几座城。"在开封城墙下 3 米至 12 米处，共叠压了 6 座城池，从下到上依次是魏大梁城、唐汴州城、北宋东京城、金汴京城、明开封城和清开封城。

明代时把保护运河漕运作为治河的首要目标，采取北岸筑堤、南岸分流的措施，导致黄河下游河道紊乱，多股乱流忽南忽北，游移不定，平均每 2.5 年就发生一次决溢。

清康熙元年至十六年（1662—1677 年），黄河下游几乎年年决溢，决口上起河南，下迄淮扬。其中康熙元年和十五年（1676 年）灾情尤其严重，康熙元年五月"河决曹县石香炉、武陟大村、睢宁孟家湾。六月决开封黄练集，灌祥符、中牟、阳武、杞、通许、尉氏、扶沟七县。七月，再决归仁堤"。康熙十五年，夏久雨，黄河倒灌洪泽湖，高家堰大堤决口 34 处，淮水冲入淮阳运河，运河堤决口，大口两处宽 300 余丈。里下河 7 州县被淹，接着，黄河又决口数十处，漕运阻塞。

清雍正、乾隆两朝 73 年，黄河决溢 26 年。黄河下游各省均发生程度不

同的决溢。其中河南决溢的年份占三分之一左右，上自武陟，下至考城各县均有决口；江南决溢的年份为三分之二上下，自砀山至阜宁各县均有决口，尤以铜山、睢宁两地决溢的次数最多。

清道光二十三年（1843年），黄河流域大水，六月黄沁并涨，决中牟下汛，下分3支由沙、涡等河入淮，淹皖北、豫东28州县。据实地调查推算，这次洪水在三门峡当年洪峰流量为36000立方米每秒，是近千年以来最大的洪水。

1855年前后，清政府内忧外患，河政腐败，国家多故，河道状况恶化，黄河失于治理，在铜瓦厢造成清末最严重的一次河患。黄河在兰阳至张秋的范围内，南北迁徙摆动达20余年，波及范围达10府（州）40余州县，受灾面积约30000平方千米。不但使鲁西平原上很多河道冲断、淤废、迁改，而且在黄河漫流所及之处广泛淤积，造成的损失十分惨重。

民国年间的河患较清末更为频繁，虽民国只存在了38年，但黄河堤防有17年均发生了溃决，其中最大的一次洪水发生在1933年。本次洪水主要来自中游，陕县站洪峰流量达22000立方米每秒，黄河下游漫溢31处，决口73处，共104处，因决口泛滥受灾的县为30个，受灾面积为6592平方千米，受灾人口273万人，伤亡12704人。

历次黄河决溢，有些是自然因素造成的，有些是统治者以水代兵人为决口的结果，而且不少决溢给人们带来了毁灭性的灾难。黄河最早一次人为决溢是公元前359年楚魏相争，"楚师出河水，以水长垣之外"。之后秦灭魏，王贲于公元前225年引河水"灌大梁，坏其城，魏降"。明崇祯十五年（1642年），黄河在开封决口，造成了全城覆没，几十万人遭受灭顶之灾。黄河最后一次人为决口则是1938年的花园口决堤，给黄河下游的百

黄河花园口决口后受灾人群流离失所

姓带来了深重的灾难。

黄河历代的决溢改道，大部分发生在河南省境内。黄河严重的洪水灾害，淹没了大片的田园和房屋，夺走了无数百姓的生命，使得众多灾民背井离乡，逃荒四方，破坏了人民的生产和生活。黄河水患不仅危及成千上万人民的生命财产安全，也改变了沿黄地区的生态环境，使许多水系淤塞，许多陂泽如荥泽、圃田泽等变成平陆，导致人口减少、生态环境恶化、生产停顿，也影响到沿黄地区经济、社会的进步。

历史上黄河对淮河水系产生了哪些重要影响？

根据史料记载，黄河曾有数次侵夺淮河流域。特别是1194年，黄河在阳武决口，其南支经泗水，夺淮入海，淮河流域的豫东、皖北、苏北和鲁西南地区成为洪水泛滥的地区，淮河北岸的支流泗、汴、濉、涡、颍等河道沦为黄河南徙的泛道。600多年间，黄河长期夺淮，把上万亿吨泥沙带到了淮河流域，使鲁南的沂、沭、泗河不能入淮，苏北淮阴以下入海河道被夷为平地，逼淮从洪泽湖南决入江，无数支流和湖泊被淤浅或被荒废，整个淮河水系遭到彻底破坏。当淮河下游入海通道被黄河淤废后，淮水被迫改道注入长江，直到1855年黄河再次大改道，向北夺山东大清河入渤海，虽然入淮流路被弃，但对淮北地貌造成的重大影响将长期存在。

"谁言为利多于害，我谓长浑未始清。西自昆仑东至海，其间多有不平声。"这首悲愤的古诗，正是对北宋以前黄河灾患的真实写照。

第七节　治水如治国

"黄河宁，天下平。"在我国，治水与治国始终密不可分。翻开中华民族发展史，历朝历代都把治理黄河作为治国安邦的一件大事。一部中华文明史，某种意义上即为一部兴水利、除水害的发展史。

治理黄河，兴修水利，历史悠久。远在4000多年前，就有大禹治洪水、疏九河、平息水患的传说。战国初期，黄河流域开始出现大型引水灌溉工程。公元前422年，西门豹为邺令，在当时黄河的支流漳河上修筑了引漳十二渠，用来灌溉农田。

公元前246年，秦在陕西省兴建了郑国渠，引泾河水灌溉4万多顷（合今280万亩）"泽卤之地"，"于是关中为沃野，无凶年，秦以富强，卒并诸侯"，为秦统一中国发挥了重要作用。

汉朝对农田水利更为重视，修建六辅渠和白渠，扩大了郑国渠的灌溉面积，同时在渭河上修建了成国渠、灵轵渠等，关中地区成为全国开发最早的经济区。

为了巩固边陲，秦、汉开始实行屯垦戍边政策，在黄河支流湟水流域及沿黄河的宁蒙河套平原等地开渠灌田，使大片荒漠变为绿洲，赢得了"塞上江南"的赞誉。

在防治水害方面，早在春秋战国时期，黄河下游已普遍修筑堤防。公元前651年，春秋五霸之一的齐桓公"会诸侯于葵丘"，提出"无曲防"的禁令，解决诸侯国之间修筑堤防的纠纷。在此后漫长的历史时期，伴随着黄河频繁的决溢改道，防御黄河水患成为历代王朝的大事，历朝历代都投入大量人力、财力，不断堵口、修防。

西汉时期，已专设有"河堤使者"等官职，沿河郡县长官都有防守河堤职责，专职防守河堤人员约数千人，河防工程已达到相当的规模。据《汉书·沟洫志》记载，淇水口（今滑县西南）上下，黄河已成"地上河"，堤身"高四五丈"（约合 9 ~ 11 米），堤防也很高。《史记·河渠书》中记载，公元前 109 年，黄河在瓠子决口，汉武帝发兵数万人并亲率臣僚到现场参加堵口，说明黄河堵口已经是相当浩大的工程。西汉末年，著名的"贾让治河三策"，对后世治河产生了重大影响。东汉永平十二年（69 年）王景主持大规模治河工程，发卒数十万，自荥阳东至千乘海口千里，扼制了黄河南侵，恢复了汴渠的漕运。此后，黄河在 800 余年间相对安流，社会生产力获得了恢复和发展。

北宋时建都开封，濒临黄河与汴渠，黄河水系给开封带来了便利的水上交通，开封达到了历史上最为鼎盛的时期，成为当时世界上著名的国际大都会。但同时日益严重的黄河水患，不仅给沿河人民带来深重灾难，也严重威胁汴河航运和京城安全，直接关系北宋王朝的兴衰。为此，北宋王朝投入很大的人力、物力治理黄河水患。中央设置了权限较大的都水监，专管治河；沿河地方官员也都重视河事，并在各州设河堤判官专管河事；朝廷重臣多参与治河方略的争议，从而也加深了对黄河河情、水情的认识，河工技术有很大进步，特别是王安石主持开展机械浚河，引黄、引汴发展淤灌等，在治黄技术上也有很大发展。

黄河埽工

埽工是我国传统河工技术中一项重要的发明创造，作为黄河上最古老的御水建筑物，它采用薪柴、绳缆和土石构筑而成，先秦时期已有类似埽的建筑，宋代黄河上已普遍使用。埽体以柳梢、芦苇、秸秆、薪柴、竹木等软料分层匀铺，压以土及碎石，推卷而成的埽捆或埽个，简称埽。若干个埽捆累积连接起来，修筑成护岸等工程即称为埽工。埽捆的体积较大，高达数丈，长为高的两倍，因此常需几百人甚至上千人呼号齐推，方能将埽捆下移到堤岸薄弱之处。埽捆安放就位后，护岸的埽工即做成了，称为"埽岸"。埽工能就地取材，制作较快，可以在短时间内制成庞然大物，便于急用，而且柳梢、芦苇、秸秆、薪柴、竹木等软料具有柔韧性，可以缓溜停淤，所以常常用于黄河等多泥沙河流的护岸、堵口等，在临时抢险及堵口截流中特别有效。但埽工也存在一些缺点，如体轻易浮，抗冲能力差，又易发热、霉烂和腐朽，需要经常修理更换，一般而言，埽工不适合用于永久性水利工程。现代黄河上的埽工已逐渐由土石工和混凝土工取代。

金元时期，黄河南流夺淮入海，河患频繁，在元代短暂的统治历史中，有历史记载的黄河决溢就达 265 次。这一时期，工部尚书兼总治河防使贾鲁，采用分流、浚淤、堵塞三法并举，综合治理，堵塞了黄河决口。

明代治河机构逐渐完备。以工部为主管，总理河道直接负责，加以提督军衔，可以直接指挥军队，沿河各省巡抚以下地方官吏均负有治河职责。随着人们对黄河的认识不断加深，河工技术有了长足的进步，涌现出潘季驯、刘天和、万恭等一批杰出的治河专家。曾四次出任总理河道的职务，负责领导治河长达 10 年之久的潘季驯，创造性地把堤防工程分为遥堤、缕堤、格堤、月堤四种，在黄河两岸周密布置，配合运用。在潘季驯的治理下，黄河河道基本趋于稳定，河患显著减少。其束水攻沙的观点，对后世治河产生了深远影响。

清代初期，朝廷把黄河治理视为治国安邦的要务。清康熙十六年（1677年），靳辅担任河道总督，负责治黄通运事务，前后长达 11 年之久。根据实地调查，靳辅在清口以下至河口 150 余千米的河道内，采取"疏浚筑堤"并举的措施，使黄河、淮河并力入海。这些措施使得河道畅通，消除了黄河的安全隐患。清朝末年，由于外国入侵，战乱不断，国政衰败，治河也陷入停滞状态。

盛极一时的黄河水运和漕运为什么逐渐衰落了？

黄河水运可上溯到距今4000年前，从先秦到魏晋南北朝，以长安、洛阳为中心，黄河、渭河和人工开挖的鸿沟构成了一个水运网络。自隋唐至北宋，以洛阳、汴梁为中心的黄河、南北大运河把黄河水运推向了繁荣时期。元、明、清三代，京杭大运河的开通，使得黄河水系航运达到了鼎盛时期。漕运是我国历史上一项重要的经济举措。它是利用水道调运粮食（主要是公粮）的一种专业运输方式，在中国有着悠久的历史。1855年黄河铜瓦厢改造后，黄河下游河势发生重大变化，随着铁路、公路和海运的兴起，加之战争频繁，水运设施屡遭破坏，黄河水运日趋衰落。

京杭大运河

1933 年河南长垣黄河决口情景

国民政府时期，成立了具有现代特征的治河机构——黄河水利委员会。近代水利奠基人李仪祉等著名水利专家，总结数千年单纯治理黄河下游的弊端，提出上、中、下游并重，统筹治理的治河方略，同时在堵口抢险、水文测验、报汛技术等方面也有了一定的发展。然而，由于当时政治腐败，战火连绵，民生凋敝，黄河堤防年久失修，让黄河安澜注定只是人们的梦想。

数千年来，历朝历代都把黄河治理作为治国安邦的大事，许多先贤提出了多种治理方略，形成了许多治黄典籍，为中外河流治理史上所少见，如《汉书·沟洫志》《后汉书·王景传》《水经·河水注》《河防通议》《河议辩惑》《河防险要》《河防述言》等，这些是前人留给我们的宝贵遗产，成为当前治河工作的重要借鉴。

第二章

历代黄河治理

几千年来，为治理黄河水患，华夏先人与黄河洪水进行了长期而艰苦的斗争。历代先贤提出过多种治河方略，前人的治河实践发展了治河技术，也丰富了治河经验，为后人提供了有益的借鉴。

第一节 大禹治水的传说

相传在4000多年以前的尧舜禹时代，黄河流域就连续出现过特大洪水。据《尚书·尧典》记载："汤汤洪水方割，荡荡怀山襄陵，浩浩滔天。"洪水淹没了平原，包围了丘陵和山岗。洪水所到之处，村落被毁，人畜伤亡，人们流离失所，无家可归，只好逃避到被洪水包围的高地之上。更严重的是，洪水经年不退，农业和其他生产都难以进行。如何消除洪水成了当时社会的头等大事。

在上古神话传说中，最早的治水英雄当属共工。共工居住在共地（今河南辉县），背靠太行，南临黄河，一到洪水季节，河水汹涌泛滥，导致部分土地和村落被淹没。为了保护家园，共工带领人们与洪水搏斗，采用"堕高堙庳"的方法，就是将高处的泥土、石块搬到低处，堵塞串沟或修筑堤埂以抵御洪水保护土地和村落，这种方法成效显著，在当时得到了大家的认同，共工氏族也在长期治水中积累了经验，以治水扬名。

到了唐尧时期，黄河流域又发生了大洪水，尧帝召集部落首领集中商讨治水事宜，大家一致推荐有治水传统的夏族首领鲧负责洪水的治理。鲧是一位肯吃苦、敢于承担责任的实干家，他治水的方法与共工相似，即筑堤障水，当洪水上涨时就加高围堰。他用了9年时间，耗费了无数人力、物力，甚至修建"九仞之城"，但在汹涌的洪水冲击之下，依然堤破人亡。传说鲧治水9年墨守成规，一意孤行，不但没有减轻灾害，反而造成重大损失。尧帝死后，舜将鲧诛杀于羽山之野。

鲧窃息壤

　　鲧是帝颛顼之子，是个水利专家，治水经验很丰富。他走马上任以后，立刻按照以前的老办法，带领人们到处筑起堤坝来防范洪水。他教导人们把山上的泥土挖来运到低洼的地方，把洼地填平，这样人们可以居住的地方就更多了。当然，这是一项十分浩大的工程，鲧一干就是9年。面对滔天的洪水，为了减轻人民的负担，鲧还冒着危险偷了天帝的一件宝贝——息壤。据说息壤是一种可以自己生长的神土，扔到水里面，它就可以不停地长出土来，把水给堵塞住。息壤的威力很大，鲧一路依靠息壤治理洪水，经过几年的艰苦努力，洪水似乎很快就要被治服了。但是，筑坝拦水毕竟不能解决根本问题，水越积越多，坝越筑越高，终于有的堤坝承受不住，发生了溃堤事件。被溃堤所害的老百姓怨声载道，说鲧害死了他们的同胞。而这个时候，雪上加霜的是天帝发现了鲧的偷盗行为，大为震怒，立刻命令火神祝融下界将鲧杀死在羽山，并收回了息壤。由此可见，鲧是一个不顾个人安危，救民于水火的英雄。他虽未治水成功，但其勇于奉献的精神值得称赞。

　　鲧被诛杀后，舜主持部落会议又推举鲧的儿子禹主持治水工作。禹深知治水的艰难，他联合具有长期治水经验的后稷、皋陶等部落，继续与洪水开展大规模斗争。

　　禹汲取鲧治水失败的惨痛教训，带领助手契、弃等人跋山涉水，在实地考察的基础上，研究了洪水的运动规律，利用水往低处流的特性，顺着西高东低的地形，一改修堤堵水的办法，而是决定因势利导地泄洪，采取分疏的办法将洪水分为多道。治河方略确定以后，禹就像他的父亲一样，手持工具，督率民众，投入了紧张的治河工程之中。相传大禹在治水实践中，还发明了准绳和规矩两种原始的测量工具，他走遍大河上下，勘测地形水势，作为疏川导流的依据。大禹经过不懈努力，终于使洪水畅流入海，平息了水患。

　　大禹主要是在黄河流域一带治理洪水，他带领广大民众从积石山开始，逐段疏通河道中的障碍。传说黄河上游的禹门口（亦称龙门，位于今陕西韩城与山西河津之间）即为大禹所凿。当时这里是一座大山，即龙门山。这座龙门山堵塞了河水的去路，把河道挤得十分狭窄。奔腾而下的河水受到龙门山的阻挡，常常溢出河道，造成水灾。大禹观察了地形，带领人们把大山凿开了一个大口子。这个山口，宽80余步，河水由此顺畅而下，奔腾咆哮，声如巨雷。龙门水下的鲤鱼为急流所迫，随之而下，不断跳跃，即为民间流传的吉祥之兆——"鲤鱼跳龙门"。

大禹凿山治水

　　疏通河道的工程进展到河南洛阳附近，大禹看到洛阳南郊有一座巍峨的高山，横亘在一条支流前面，犹如一座天然屏障，高山中段有一个缺口，仅容涓涓细流通过。在出现大洪水时，河水被挡，致使水位迅速升高漫溢，危害百姓。大禹当即决定，由缺口处劈开大山，打开泄水通道。当时疏通工作十分艰难，不仅工具损坏无数，人员也损失不少，有的人被山石砸死、砸伤，有的人被洪水卷走。可是，他们丝毫没有动摇，坚持劈山不止。在大禹的带动下，疏浚工作进展迅速，大山被劈出一个两壁对峙的山口，洪水由此一泻千里，这就是黄河支流伊河上的"伊阙"，也称龙门。

洛阳龙门山

大禹一心扑在治水事业上，他和涂山氏女结婚的第四天，就离家投身治水工作，作为一个部落的首领三过家门而不入。他不畏艰苦，身先士卒，脸晒黑了，人累瘦了，手脚磨出了老茧，小腿肚子上的汗毛都被磨掉光了，脚趾甲也因长期泡在水里而脱落，但他仍坚持指挥和劳作，带领百姓通过不断疏通，将沟洫的水引入支流，再将支流的水引入黄河，逐渐解决了因河道堵塞造成的水患灾害。人们终于可以从避水的高地搬回平原，继续从事农桑生产。

三过家门而不入

三过家门而不入亦称三过其门而不入，这是大禹治水中发生的故事。为了治水，大禹公而忘私，曾三过家门而不入。第一次经过家门时，大禹听到妻子因分娩而在呻吟，还有婴儿的哇哇哭声，助手劝他进去看看，他怕耽误治水，没有进去。第二次经过家门时，他的儿子正在他妻子的怀中向他招手，但这时正是工程紧张的时候，他只是挥手打了下招呼，就走过去了。第三次经过家门时，已经10多岁的儿子看到他时跑过来使劲把他往家里拉，大禹深情地抚摸着儿子的头，告诉他水未治平，没空回家，而后匆忙离开，又没进家门。大禹这种舍小家顾大家、公而忘私的精神，至今仍为人们所传颂。

大禹治水成功之后，将当时的疆土划分为九州，并开辟了连通九州的道路，制定出各地的物产种类和田赋级别。因治水有功，大禹受到人民爱戴，舜死后，他继任部落联盟首领。大禹是夏朝的国君，因此后人也称他为夏禹。大禹死后葬在茅山（今浙江绍兴东南），后人因他曾在这里大会诸侯，计功行赏，所以把茅山改名为会稽山。

大禹治水的功绩被后人广为传颂，我国许多地方都有纪念大禹的名胜古迹。如安徽怀远县境内的禹墟和禹王宫，陕西、山西之间的禹门口，山西夏县的禹王城，河南开封的禹王台，河南禹州城内的禹王锁蛟井，河南洛阳大禹开凿的龙门山，湖北武汉的禹功矶，湖南长沙的禹王碑，四川南江的禹王宫，浙江绍兴的大禹陵，等等。这些遍布中国的大禹遗迹，铭记着大禹的丰功伟绩并寄托着人们对他的怀念。

在西方，流传着这样一些神话，在与大禹治水同时代的远古时期，地球上曾发生一次世界性的大洪水，人类遭受灭顶之灾，最终人类依靠一艘诺亚

禹门口黄河大桥

方舟才得以延续。在这些传说中，人在自然力量面前是无能为力的。然而，在我国的神话传说中，大禹领导人们平治水患，显示出人类的力量、民族的精神。大禹治水的传说记述了他身先士卒、坚毅执着的优良作风，善于思考、勇于创新的高度智慧，公而忘私、造福人民的崇高品德，体现了勤劳、智慧、勇敢、奉献、万众一心战胜困难的中华民族精神，一直鼓舞着后人同水旱灾害进行不懈的斗争。大禹因他的功绩而成为我国古代备受尊崇的伟人之一，成为中华民族精神的象征。

第二节　汉武帝瓠子堵口

大禹平息水患之后，黄河下游河道出现了一个相对稳定的安流期。人们大量向黄河下游迁徙，下游的人口再度密集起来。

西周时期，黄河下游的良田沃土被广泛开垦，为防御洪水摆动，春秋时期，人们开始筑堤防洪。战国时期，随着铁器和土石方工程技术的大量使用，黄河下游堤防已具有相当大的规模。秦始皇统一中国后，将诸侯修筑的地方连接成千里金堤，开始对黄河堤防进行统一管理。

秦始皇跑马筑金堤

河南濮阳南边不远，有一条古黄河大堤被称为"金堤"。传说金堤是秦始皇修建的，秦始皇刚统一中国，就提出"南修金堤挡黄水，北修长城拦大兵"。那时候，黄河年年在濮阳一带决堤成灾，秦始皇下旨要在黄河涨水前，修一条黄河大堤，取名"金堤"。当时正修着万里长城，青壮男人都被征派走了。修堤监工大臣费尽力气也没找来多少能干的人。后来没办法把老幼妇孺也都强征过来，逼着他们到黄河边修筑大堤。然而，在哪儿修呢？秦始皇骑上马，叫监工大臣跟着，马跑到哪里，大堤就修到哪里。他沿着黄河跑了100多千米，马蹄印就成了修金堤的线路。

真实的黄河金堤即北金堤，西汉东郡、魏郡、平原郡黄河石堤号为金堤，东汉亦有金堤之名。今存古金堤在河南汲县、滑县，经濮阳、范县、台前县、山东寿张至张秋镇，汉平帝时，黄河决口，河水流入汴渠，泛滥60余年，汉明帝永平十二年（69年）征发民工数十万人治河，由王景主持。他勘察了由荥阳至千乘海口的地势，指挥筑成了长堤，被后人称为"金堤"。1855年铜瓦厢决口黄河改道后，这条大堤处于河道以北，就被称为"北金堤"。现今这一大堤起自河南省濮阳南关火厢头，经山东莘县高堤口，河南范县、台前县，到阳谷县颜营，长120多千米。

秦始皇跑马筑金堤

西汉初期实现休养生息政策，生产力得到迅速恢复和发展，黄河下游基本上形成了完整的堤防体系，在一定程度上遏制了洪水出槽泛滥，限制了黄河洪水随意摆动。自从有了堤防，河道被人为缩窄，导致河床淤积，行洪能力下降，一旦发生大的洪水，就会使堤防决口，甚至改道。

在长达420多年的两汉时期，黄河决溢见于史书记载的只有15年共16次，决口次数虽然不是很多，但有的决口造成的灾害却相当严重。

汉武帝元光三年（前132年）五月，黄河在濮阳瓠子决口。《史记·河渠书》记载："河决于瓠子，东南注钜野，通于淮、泗。"《汉书·武帝纪》记载："河水决濮阳，泛郡十六。"这是汉朝最大的一次黄河决口，洪水滔滔，多股横流，向东南灌注巨野泽，然后又夺泗水进入淮河。沿程淹没田地，损毁庐舍，灾害范围达16州郡。

黄河决口后，汉武帝刘彻即令大臣汲黯、郑当时率民夫前往堵口。当时瓠子决口已"广百步，深五丈"，水流湍急，料物不济，堵口非常困难。尽管汲黯是濮阳人，比较熟悉当地的地理环境，郑当时又是著名的治河专家，他们对瓠子堵口都是尽职尽责，采取了诸多措施，但是由于多种因素，决口仍未能堵复。

瓠子决口之后，汲黯堵口失败，时任宰相的田蚡乘机散布"天命论"，他上奏说："江河之决皆天事，未易以人力为强塞，塞之未必应天。"汉武帝笃信天命，他信赖的观相术士也附和田蚡的意见，于是汉武帝就命汲黯、郑当时返回京师，不再堵口。其实，田蚡散布这些谬论有他自己的私心。原来他的封地鄃（今山东高唐）位于黄河北岸，而瓠子决口后黄河改向东南流，由泗入淮，对他的封地安全有利，因而他极力反对堵口。

此外，导致汉武帝放弃黄河堵口的另外一个重要的原因是，当时西汉已把主要精力放在了反击匈奴上。尤其是元光六年（前129年）到元狩四年（前119年），更是汉武帝反击匈奴，战争进行到最紧张的阶段，这一时期西汉王朝的主要人力、物力、财力都集中在对外战争上，无暇顾及治河，以致黄河连年泛滥横流。

瓠子决口近20年间，黄河恣意泛滥，洪水横流，受灾范围达一两千里。梁、楚之地（今豫东、鲁西南、苏北、皖北一带）受灾尤为严重，粮食连年歉收或绝收，以致发生"人相食"的惨象。大量无家可归的百姓漂流乞讨于江淮之间。为了安抚百姓，汉武帝曾经从巴蜀调运粮食进行赈灾。

西汉元封二年（前109年），汉武帝封禅巡祭山川，看到泛区灾害严重，便下决心要堵塞决口，命令汲仁、郭昌率领数万士卒到瓠子堵复决口。为了显示自己战胜"天意"的决心，汉武帝亲自到决口现场，督促堵口进度，他将白马玉璧沉入河中祭祀河神，命令自将军级别以下的随行官员搬运柴草参与堵口。由于黄河常年泛滥横流，堵口任务非常艰巨，而当地防汛堵口材料薪柴又极为缺乏，为了堵口的需要，只好砍伐淇园这一皇家园林里的竹子用作堵口材料。

关于这次施工的具体情况，虽然缺乏详细的记载，但基本的堵口方法是先用淇园的大竹竿为"楗"，沿决口一道道横向插入竹桩，由疏到密，先使口门水势减弱，然后在竹桩间填充柴草、土石，不断加固堵塞决口。这种堵法与现在的平堵法十分相似。

在汉武帝的直接指挥下，决口终于被成功堵塞。为纪念这次伟大胜利，汉武帝在决口处修建了一座宫殿，名为宣房宫。在堵口过程中和堵复后，汉武帝颇有感慨，写了两首辞赋名为《瓠子歌》。

《瓠子歌》

《瓠子歌》是汉武帝刘彻亲临黄河决口现场的即兴诗作。元光三年（前132年），黄河决入瓠子河，淮、泗一带连年遭灾。至元封二年（前109年），汉武帝在泰山封禅后，发卒万人筑塞，下令以薪柴及所伐淇园竹所制成的楗堵塞决口，最终成功控制洪水。《瓠子歌》气势磅礴，对水患猖獗的描写入木三分，但是部分用词艰深晦涩。

其一：

瓠子决兮将奈何？浩浩洋洋兮虑殚为河。

殚为河兮地不得宁，功无已时兮吾山平。

吾山平兮钜野溢，鱼弗郁兮柏冬日。

正道驰兮离常流，蛟龙骋兮放远游。

归旧川兮神哉沛，不封禅兮安知外。

为我谓河伯兮何不仁，泛滥不止兮愁吾人。

啮桑浮兮淮泗满，久不返兮水维缓。

歌词的大意是：瓠子决口啊，将如何？浩浩荡荡啊，州闾全成了河！决口还没堵住啊，大山已经挖平。黄河脱离正道啊，大地不得安宁。巨野泽溢出啊，鱼儿四处游动。河道乱流啊，蛟龙远游驰骋。神仙保佑河归故道吧，不封禅我怎么知道外边的情形。我问河伯呀，你为何不仁？泛滥不止愁煞吾人。树木漂浮啊，淮河泗水已满，决口难以堵塞啊，望河水变缓。

其二：

河汤汤兮激潺湲，北渡回兮迅流难。

搴长筊兮湛美玉，河伯许兮薪不属。

薪不属兮卫人罪，烧萧条兮噫乎何以御水。

隤林竹兮楗石菑，宣防塞兮万福来。

歌词的大意是：河水汤汤啊，激流滚翻，堵河北去呀实在艰难。备足了竹索又沉美玉祭祀河伯，薪柴接济不上仍不能堵复，伐了淇园竹林作为楗，又加上石头才堵住了决口。决口堵复万民的福分就来了。

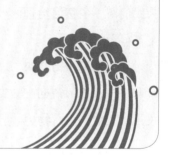

我国历代封建王朝中，皇帝亲自到现场督促黄河堵口，并让将军以下的随行官员和士卒一起搬运薪柴参与堵口，这是第一次。瓠子堵口在黄河治理历史上产生了很大的影响。

汉武帝亲临现场参与黄河堵口，引起各级官员对治水事业的重视，开始争相兴办水利事业。朔方、西河、河西、酒泉都引黄河和川谷的水灌溉田地；关中兴建六辅渠、耿轵渠引泾、渭河水，汝南、九江引淮河水，泰山脚下引汶水，灌溉农田都超过万顷；其他小的灌溉渠系不可胜数。

汉代黄河堤防

在瓠子堵口的随行官员中，有我国伟大的历史学家司马迁。司马迁曾随同汉武帝巡视山川，登庐山观禹疏九江，到会稽太湟，上姑苏山看到五湖；东游看了洛汭、大邳、迎河，行经淮、泗、济、漯、洛诸水；西游看到蜀地的岷山和都江堰；北游自龙门到朔方郡，从而体验到河流的利害。特别是随从武帝在宣房背负薪柴填塞决口，又读到了汉武帝的《瓠子歌》，感慨万千，因而写成《史记·河渠书》。

《河渠书》不仅记述了瓠子堵口大体的经过和方法，为我们研究古代的治河技术、堵口方法提供了宝贵的资料，而且记述了自大禹以来的治河历史，为我们留下了黄河治理的宝贵资料，对后世的史学家关注治河、记述水利产生了很大的影响。

"宣防塞兮万福来"，的确，对于洪水肆虐泛滥、饱受水患的民众来说，堵塞决口，挽河流回归故道，实在是天大的福事。正因为如此，人们才不惜投入巨大的人力、物力，与洪水展开了顽强的斗争。

第三节　贾让治河三策

　　西汉时期的黄河河道，是在周定王五年（前602年）改道后形成的，到西汉初期已经流经了400年。

　　西汉时黄河已有"浊河"之称，当时关中就有"泾水一石，其泥数斗，且灌且粪，长我禾黍"的民歌，对此做了形象的说明。《汉书·沟洫志》中也有"河水重浊，号为一石水而六斗泥"的记载。汉哀帝初年就有"河水高于平地""河高出民屋"等黄河成为地上河的记载。当时黄河的年输沙量约为11亿吨，下游河道受到两岸堤防约束，泥沙不断淤积，河床不断被抬高，悬河已经形成。加之黄河两岸人们无计划地围垦黄河滩地，致使下游河道过度狭窄和弯曲，最终形成了众多险工堤段。

滚滚黄河浪淘沙

　　西汉中后期，黄河决口泛滥逐渐增多，这对当时生产发展和社会稳定产生极大的威胁。于是朝廷和民间开始关注黄河的治理，并将其视为关乎国计民生的大事，提出了诸多关于治理黄河的看法与主张，他们有的主张改道，有的主张分流，有的主张以水攻沙，等等。

汉朝治河理论一览

"改道治河"论：汉武帝初年，齐人延年上书，建议给黄河动个大手术，从内蒙古托克托向东另开河道，直接注入渤海，既可避免关东遭受黄河洪患，又可以黄河为天堑，防止匈奴袭扰。

"分疏治河"论：汉成帝初年，清河都尉冯逡上书朝廷，提出疏浚屯氏河以分流黄河洪水的主张。王莽时御史韩牧也提出，在《禹贡》记载的九河范围内多开支渠分洪泄流。

"滞洪治河"论：王莽时长水校尉关并提出，在山东平原、东郡常受洪水淹没的低洼地带，迁出百姓，勿建官亭民舍，给洪水留一个蓄积的空间，缓冲减洪。

"水力刷沙"论：这是王莽时大司马张戎提出来的，即用水来冲刷泥沙。具体措施是将河道束紧，空间上的缩小使水流冲击力增大，将泥沙冲到海里去。

汉哀帝时期，黄河决口泛滥，黎阳（今河南浚县）、白马（今河南滑县东南）一带屡受其害，汉哀帝要求官员举荐善于治河之人。正是在这种背景下，待诏贾让应诏上书，提出"治河三策"，即为治理黄河的三种方案。"治河三策"以"宽河行洪"为核心思想，以"不与水争"为基本原则，上策主张滞洪改河，中策提出筑渠分流，下策则为缮完故堤。

在上书之前，贾让不仅详细研究了前人的治河历史，还亲自到黄河下游进行了实地考察。根据他的分析，在春秋时期以前，黄河两岸还没有堤防，黄河河道宽阔，在下游平原肆意流淌，沿黄还有大量湖泊沼泽，使黄河洪水得以调蓄。到了战国时期，黄河两岸筑起大堤，但堤距较宽，河水仍可在河道中游荡，人们在肥沃的黄河滩区耕作种植农业，盖起房屋，直至发展为村落田园。由于滩区土地和家园经常受到洪水侵袭，人们又沿河道主河槽修筑了二级堤防，人为把河道缩窄，影响行洪。可一旦遇到大的洪水，二级堤防被冲垮后，常常形成斜河、横河，直冲黄河大堤，造成大堤决口。到了贾让所处的时代，这种问题表现更为突出，河道内甚至出现多道堤防，对行洪尤为不利。

在调查研究的基础上，贾让对当时的黄河防洪形势、泛滥原因和众多治理对策提出了具体而系统的分析和建议，即上文提到的"治河三策"。

贾让的上策是滞洪改河。当时黄河下游河床淤积抬高，成了典型的地上悬河。在这种情况下，河流溃决改道不可避免。贾让提出"徙冀州之民当水冲者，决黎阳遮害亭，放河使北入海"，意思是要在遮害亭（今河南滑县西南）一带掘堤扒口，使黄河北流，穿过魏郡（今河南南乐一带）的中部，然后再转东北入海。事实上，这也是一个人工改河的设想。改河后的黄河河道，西濒太行山高地，东有旧有的黄河大堤做屏障，让黄河沿北部的低地入海，这样严重的黄河水患就可以得到有效解决，在地形上应该是可靠的。当时河北平原东部人口稀少，农业落后，大量田地荒芜，移民迁徙多少具有一定可行性。对于这一策略，贾让自信"河定民安，千载无患"。但由于黄河改道要占去大量肥沃土地，而且破坏城郭、田庐、冢墓以万数，导致百姓怨恨。在摇摇欲坠的西汉王朝末期，汉哀帝自然没有采纳这一所谓的"上策"，后世也没有人敢做这样的尝试，大多数人认为这是迂阔不经之谈。贾让进此上策不久，黄河就溃决改道。经东汉初年王景治理固定后，这条新河安定了800多年，虽然未及千载无患，但也证明这是一条流路极为合理的河道，对减少河患确实起到了重大作用。

贾让的中策是筑渠分流。既然滞洪改河的主张代价有点大，贾让又给出了筑渠分流河水这一占地较少且又能兴利除害的中策。提出在冀州区域内开渠建闸，发展引黄灌溉，这样做旱时可引水灌溉，遇上洪涝则可分流洪水。

贾让认为，这一规划一旦实施，不仅可以减轻魏郡以下的黄河灾害，而且冀州的部分土地还可以得到放淤改良，同时使通漕航运获得便利。贾让这种"分杀水怒"的穿渠主张，从治河的角度讲，当属于分疏一类，其作用应是肯定的。但贾让认为这样做非圣人之法，其治河效果也不像上策那样维持长久，只能"支数百岁"，故谓之中策。

贾让的下策是缮完故堤，即沿袭一般的方法，加高培厚原有堤防，维持现存河道。事实上，在贾让提出"治河三策"时，黄河下游早已成为地上悬河。从河内（今河南武陟）到魏郡昭阳（今河北大名）间百余里长的黄河一直都属于"左右游波，宽缓而不迫"的游荡型河道，如此狭窄、弯曲的河道无法适应黄河汛期的行洪需要，这也是西汉河患频繁的另一个重要原因。如果西汉朝廷仍一味地"增卑倍薄"，即继续加高下游两岸的堤防，就无异于"犹止儿啼而塞其口"。故而，贾让认为缮完故堤，增卑倍薄是下策。

贾让的"治河三策"有极强的针对性，可以说是对当时黄河下游河情、河势的真实反映。贾让在实地调查的基础上，借鉴先秦治河的历史经验，建立起了一种治河必使河道"宽缓而不迫"的思想。他的"治河三策"，也正是这一思想的具体体现。另外，在"治河三策"中贾让还较为明确地告诉我们要避免与河争地，要求人类要与自然和谐相处，社会发展与河流洪水规律相适应的治河自然观；要在防御黄河洪水的同时，重视放淤、改土和通漕，重视对黄河的综合开发利用，以及水利规划中方案比较的思想等。

2000多年前，古人就能认识到这些，真可谓先见之明。而这也正是"治河三策"的意义所在。尽管"治河三策"没有付诸实施，其中还有部分内容叙述不太清楚，甚至有些规划也不尽合理，但仍为历朝历代的治河者所重视。

作为我国首部对黄河下游除害兴利的治河文献，东汉史学家班固把它完整地记入《汉书·沟洫志》中，对后世的治河工作产生了极为深远的影响。

第四节　王景治河　千年无患

西汉时期治理黄河的理论水平上来了，实践也得跟上。到了东汉，终于出现了一个治水的伟大实践者——王景。

西汉晚期，由于河道淤积加剧，致使悬河发展形势严峻，加之滩区围垦，堤距缩窄，因而河患日渐增多。王莽始建国三年（11 年），黄河迎来了汉代历史上最著名的一次决口——魏郡（今河北大名东）决口，黄河在西汉河道的基础上，向东南方向摆动 100 多千米，夺漯水入海，此后数十年没有堵复，魏郡以东洪水泛滥，灾害不断。清人胡渭将此次决口形成的新河道认定为黄河历史上第二次大改道。

进入东汉以后，黄河、济水、汴渠交错乱流的局面愈演愈烈，汉光武帝建武十年（34 年）前后，黄河以南被淹没的范围已达数十县之多。汉明帝即位时，黄河向东摆动，汴渠的引水口门都塌入河中。水灾更加严重，兖州、豫州受灾百姓怨声不断，认为县官无视百姓疾苦，不能急百姓所急。

汉明帝继承了光武帝休养生息的政策，宵衣旰食，励精图治，成就了东汉初期社会经济发展、文治武功兴盛的大好局面。东汉永平十二年（69 年），汉明帝决定修治汴渠，这时有人举荐了富有治水才能的王景担当此任。

王景，字仲通，好学深思，博览群书，通天文术数之事，多才多艺，善于筹划。此前，王景曾协助王吴水利官员参与浚仪渠（大约是汴渠的开封段）的疏浚维修。当时浚仪渠从黄河直接引水，由于河水流量不稳定，且含沙量大，大水经常漫灌、淤塞渠道。修复浚仪渠最大的难题在荥阳渠口口门，疏浚过程中王景修建了坚固的水闸，并巧妙采用"堰流法"，控制黄河进入渠道的流量，使当时的洪滞灾害得到治理。结合这种堰的设计，还能够通过"翻坝"的方式实现黄河、浚仪渠及淮水的全程通航。

通过修复浚仪渠，王景的治水才能显现了出来。汉明帝召见王景，向他询问黄河、汴渠的治理方略。王景全面分析东汉水系情形，详细分析黄河、汴渠情势，陈述治理方法的利弊。明帝大为赞赏，将其珍藏的《山海经》《河渠书》《禹贡图》等有关书籍、史料赐给王景，当年夏季就下令发兵夫数十万，立刻实施治河工程。

王景在接受治理汴渠的使命后便开始工作。他亲自勘测地形，规划堤线，首先着手修筑了从荥阳（今河南郑州北）到千乘（今山东东营利津区）入海口长千余里的黄河大堤，以巩固王莽时期黄河改道后的流路。"凿山阜，破砥绩，直截沟涧，防遏冲要，疏决壅积"，即阻塞河道的山体被开凿，地势有利的沟道被裁直利用，对险工河段加强修筑，疏通淤积不畅河段，并在此基础上完成了黄河下游的堤防修筑。

王景规划堤线

接着王景着手整修汴渠，对汴渠进行了裁弯取直、疏浚浅滩、加固险段等工作，这样使黄河、汴渠分流，各行其道；同时，他采取"十里立一水门"

的方案，修建了由黄河进入汴渠的节制闸门，使黄河引水入汴得到控制。

新修的黄河河道行洪入海路线比较直，河流比降大，水流挟沙能力强，在很大程度上减少了由于泥沙淤积造成的河道摆动。黄河河道固定了，汴河取水口利用水门有效调节控制水量、沙量，汴渠也就稳定住了，一改过去黄河、汴渠混流的局面。经过王景一年的治理，黄河下游河道和汴渠实施了分水分沙体系，黄河、汴渠的水患基本消除。

东汉永平十三年（70年），工程完工后，汉明帝亲自上堤巡视并下诏书肯定了王景的治河成绩，指出王景的治理工程恢复了黄河、汴渠的原有格局，使黄河不再四处泛滥，泛区百姓得以重建家园。明帝还下令加强对黄河下游全线及汴渠两岸堤防的维修与管理。王景因治河有功受到嘉奖，连升三级，升迁为侍御史。

东汉永平十五年（72年），王景被汉明帝钦点，跟随汉明帝沿汴渠东巡。沿途汉明帝目睹堤防不但规矩整齐，而且护石完备，两岸尽植垂柳，黄河、汴渠各自分流，漕运通行无阻，沿河百姓安居乐业，对王景治水的成就深为赞赏，又拜王景为河堤谒者。

在王景治理黄河以后的数百年间，历经魏、晋、南北朝、隋、唐、五代十国乃至北宋，虽然不时有满溢和决口记载，但河患比西汉时期大为减少，而且在直到北宋初年的近千年间，河道基本保持稳定，没有发生大的改道。人们认为这是王景治理的功绩，固有"王景治河，千年无患"之说。

"王景治河，千年无患"的原因

王景是治理黄河的实干家，他虽然在治理黄河、汴渠时取得显著成效，却没有留下任何治河方面的论著，也没有留下多少有关治河的言论。更不像贾让那样有"河定民安，千载无患"之类对于治理效果的预期。后人对王景治河的了解大都来自《后汉书·明帝纪》和《后汉书·循吏列传》中的相关记载，而这些史料的记述又十分简约，甚至有些说法含糊不清，以致后人解读时往往发生认识上的分歧。因此，王景治河以后，黄河到底为什么能够长期安流，一直成为后世治河人士探讨和关注的问题。

近期的研究成果认为，王景治理后的黄河河道流程短、地势低，又有汴渠和大野泽连通，有较大的滞蓄洪水和接纳淤积的空间，加之历朝历代都高度重视黄河大堤的维护，特别是隋唐时期，更是大兴水利建设，这些都是王景治河以后黄河长期安流的主要原因。

黄河安流千年，到了北宋，进入多事之秋。首先是堤防决溢频繁，北宋时黄河决口年份多达66年。其次北宋景祐元年（1034年），黄河在濮阳横陇决口，离开行水千年的东汉河道，向东北方向分流，形成了所谓的横陇河道。北宋庆历八年（1048年），黄河于商胡再次决口，河道继续北移，经大名至乾宁军（宋辽交界）入海，造成历史上黄河的第三次大改道。此后近70年间，围绕黄河北流还是东流，北宋朝臣在黄河策略上争论不断，导致三次人力回河均告失败。整个北宋王朝黄河水患不断，朝廷疲于应对、无计可施。

第五节 贾鲁治黄河 恩在怨消磨

南宋建炎二年（1128 年），开封留守杜充为阻金兵南下，在滑县以上李固渡扒决黄河大堤，导致黄河主流转而折向东南，从此离开奔流数千年的河北平原，摆动于豫东和鲁西南地区，经泗水南流夺淮入海，也就是历史上黄河第四次大改道。

元朝初期，朝廷对关乎帝都安全的黄河北岸堤防较为重视，却放任黄河向南流淌，导致下游河道迁徙不定，往往在决口之后，或夺天然河道，或平地漫流，分支繁多，使淮河水系发生了一定的紊乱，此后逐渐形成以东南于徐州入泗水的汴河故道为正流的格局。

京杭大运河的通行，使得长江、黄河、淮河、钱塘江等水系连通，南北漕运更加通畅。如此下去，也是黄河历史上难得的大好局面。

然而好景不长，黄河南流一段时间之后，造成下游河道淤积，水流不畅，致使河南境内堤防决口不断。元至正四年（1344 年），即在元朝开国的第65 个年头，黄河在白茅决口，此后又北决金堤，直接威胁京杭大运河漕运和盐税系统安全，朝廷供给随时面临全部断绝的危险。而当社会矛盾尖锐、民怨深重、治河耗费巨大、治河正值风云际会之时，贾鲁集十数万民众，史无前例地在大洪水期间开工治河。

贾鲁，少年时聪明好学，胸怀大志，长大后谋略过人。他在元朝延祐、至治年间（1314—1323 年）两次中举，曾任中书省检校官、监察御史、工部郎中、山东及河南行部水监等职。至正十一年（1351 年），55 岁的贾鲁出任工部尚书兼总治河防使，指挥 15 万民夫和 2 万士兵，开始了规模浩大的治河工程。

贾鲁最初的治河目的是保护漕运，黄河北流势必影响大运河会通河段通航，这次治理的首要目标是堵塞白茅等处决口，挽大河南流回归徐淮故道。

作为水利专家，贾鲁深知挽河南流绝非易事。在白茅堵口之前，必须为南流之水准备好通道。面对纷繁复杂的黄河乱局，贾鲁采取的治河方法是疏塞并举，先疏后塞，将治河工程分为5个主要组成部分，即疏浚河道、开挖减水河、堵塞黄陵岗、石船堤障水和最终堵口合龙。

为赶在雨季到来之前顺利疏浚河道，贾鲁主持由白茅决口处开挖新河道20里至刘庄接入故道。又从刘庄开挖旧河道102里至专固，而后由专固开新河8里至黄固，最后从黄固开挖旧河50余里到哈只口。为在堵口后分泄洪水，保证堤防安全，贾鲁指挥人员对故道堤防进行修筑加固，开挖分水河道近100里。

而整个工程最关键、最精彩的部分，在于汛期堵塞白茅（也称黄陵）决口，这是我国古代堵口工程的一次空前壮举。在堵口之前，贾鲁指挥河工先做三道挑溜坝，将主流挑离龙门，减缓合龙工程压力。在决口处修南北两道截河大堤，在截河大堤缩窄决口口门的基础上，从决口两端相向进占堵口。此时已进入农历八月二十九日，进入决河的水量仍然比进入旧河道的水量多1倍。所剩口门仍宽400余步，中间水深3丈多。

合龙之前正值黄河秋汛，贾鲁担心如不及时堵住决口，会导致故道淤积，甚至前功尽弃。于是他精心筹划堵塞决口的方法，创造了"石船堤障水法"。贾鲁在决口处精心挑选了27艘大船，每队9艘，船中装满沙砾、石子，上铺柳料、秸秆、杂草，用大麻索、竹絙将船体绞缚在一起，船与船之间用铁锚固定，连缀成三列直行方舟船队。然后挑选行动便捷的水工，每个船上各2人，执斧凿立于船的首尾。岸上击鼓为号，水工齐力凿船，船破入水，沉入河底，形成船堤，加修三道草埽，遏制阻断水流。等到正式合龙时，洪水水势暴涨，船基撼动，观望的人无不两腿战栗，认为难以合龙，而贾鲁作为现场最高指挥官员，镇定自若，始终亲临一线指挥施工，"日加奖谕，辞旨恳切"，处处为河工民夫着想，使得"众皆感激"，既鼓舞了士气，又坚定了大家的信心。至十一月十一日丁巳，最终顺利完成龙口遂合，决河断流，故道复通。

贾鲁"石船堤障水法"

古代没有钢筋水泥，没有大型机械，单单依靠人畜之力，使用柴草、木桩、土石、铁索、竹缆这样的原始材料，在黄河主汛期堵复黄河决口的难度可想而知。河流湍急，河水冲击力强，即使再大的石块也会被冲走，若截河大堤无法合龙，该怎么办？可谓非常之人，始可建非常之功。贾鲁这位杰出的治河工程专家"竭其心思智计之巧，乘其精神胆气之壮，不惜劬瘁，不畏讥评"，埋头苦干，事必躬亲，借鉴古代水利专家李冰采用竹箩装石块增加单位重量的原理，大胆创新石船断流的方法，抓住主要矛盾，一举堵住决口，终于完成了这项艰巨的工程。

治河工程从四月二十二日兴工，七月就凿成河道280多里，八月将决口的河水引入新挖河道，九月通行舟楫，十一月筑成沿河堤防，至全线完工总共花了7个多月时间，一举结束了至正三年（1343年）以来近9年的河患。

黄河复归故道，治河大功告成。贾鲁回朝，向元顺帝呈上《河平图》。顺帝对贾鲁治河的功绩给予很高评价，授予其荣禄大夫、集贤大学士，并命翰林学士欧阳玄撰《河平碑》文，记述他的劳绩。

贾鲁这次治河动用的人力和料物数量惊人。据统计，所用木桩大约27000根，榆柳杂梢666000根，蒲苇杂草7335000余束，竹竿625000根，碎石2000船，绳索57000根，所沉大船127艘，其余苇席、竹篾、铁线、铁锚等物资不计其数。总计用去中统钞1845630锭。工程如此浩大，在我国古代治河的历史上是不多见的。

令贾鲁始料未及的是，拯救黎民于水火的治河工程，却拉开了元朝灭亡的大幕。元代统治者骄奢淫逸，大肆挥霍，财政枯竭，大规模地无限发行新钞，导致物价飞涨。而大规模的治河工程，又给民众新添徭役负担，种种不利因素使得社会矛盾尖锐，民怨沸腾。韩山童、刘福通等人抓住贾鲁治河这一时机，在黄陵岗预先埋下独眼石人，并散播"石人一只眼，挑动黄河天下反"的童谣，由此引发了轰轰烈烈的红巾军起义，最终推翻了元朝的统治。

有人认为天下之乱，皆由贾鲁治河之役，劳民动众之所致。正是由于贾鲁好大喜功，不恤民力，急于求成，甚至不顾民工死活，招致民怨，引发农民起义，导致元朝灭亡。此论固然有失公允，但不可否认，治河实际上是大起义的导火线。尽管人们明白治河是有关国计民生的大事情，但长期的苦工无可避免地引起民工的反感和怨愤，起义很快就形成了燎原之势。

在风雨飘摇的元末，贾鲁未能功成身退，甚至落了个病死军中的下场。总的来看，贾鲁不畏艰难、敢于创新，一举堵复了泛滥7年的黄河决口，解除了广大地区的洪水灾害，也复兴了开封一带的漕运，使得漕运要枢朱仙镇迅速兴盛起来，成为当时最大的水运码头和享誉全国的商业重镇。贾鲁为后世带来了福祉，不失为一个有胆有识、勤奋敬业的治河专家。人们为了纪念贾鲁治河的恩德，将其治理过的河道（现为淮河的一条支流），命名为贾鲁河。

后人作了四句诗评价贾鲁："贾鲁修黄河，恩多怨亦多。百年千载后，恩在怨消磨。"

第六节　潘季驯——大明治水第一人

潘季驯，浙江湖州人，29 岁中进士，授九江府推官，宦海沉浮，累官至工部尚书兼右都御史。1565—1592 年间，他四次担任总理河道一职，负责黄河、运河治理近 10 年之久。明察、深思的性格使他逐渐成长为一位有独特见解的治河专家。他看到了以往黄河治理方略的局限性，创造性地提出了"以河治河，束水攻沙"的治河主张，在治黄方略上开创了一个新的时期，对后世的黄河治理产生了深远的影响。

黄河自北宋末年改行徐淮河道，由河南滑县经兰考、商丘向东过徐州折向东南，至清口夺淮河河道入海。到了明代中晚期，黄河南流入海已达 400 多年，泥沙淤积愈加严重，屡屡决口，灾害频繁。

明成祖朱棣迁都北京后，大规模南粮北运成为重要议题，运河成为京都物资运输的大动脉、生命线，而此时的黄河与漕运密切相关。当时黄河下游十分紊乱，主流迁徙不定，向北冲毁会通河与大清河交汇处的张秋运道，或者向南，夺淮、泗入海。京杭大运河呈南北流向，在淮阴一带与黄河、淮河相交。这种黄河、运河、淮河交错的局面，虽然可以使徐州以南的运河在水量不足时得到黄河水的补给，但在黄河泛滥时，也会造成运河淤塞，漕运中断。

明太祖朱元璋祖籍安徽凤阳，黄淮并涨便会危及朱家祖坟，所以保护皇陵不被洪水浸灌，成为黄河治理的又一项任务。

明代的治河原则是"首虑祖陵，次虑运道，再虑民生"。为了"护陵"，朱氏祖坟所在一岸的黄河大堤加高培厚，任凭洪水向另一岸横流。为了"保漕"，黄河水被引向多处分流，以减少洪水对运河的压力。这种消极的治黄方略不仅不能兴利，反而种下更大的祸根。

安徽凤阳明皇陵

　　明嘉靖三十七年（1558 年），黄河又一次改道，淤塞了运河，不但漕运中断，皇帝的祖坟也面临洪水威胁，朝廷深感惶恐，治黄问题又被提上了紧迫的议事日程。当时治河主要采用"分其流，杀其势"的传统方法，数年间，负责治河的官员接连换了 6 人，黄河的河患不但没有消除，反而越来越严重。

　　既要减少黄河河患，还要确保安徽凤阳的皇陵不受淹，同时兼顾作为大明王朝生命线的大运河漕运畅通，黄河治理形势异常复杂严峻。

　　嘉靖四十四年（1565 年），黄河在江苏沛县决口，大运河被淤塞 100 多千米，徐州以上纵横百里间一片泽国，灾害空前严重。

　　潘季驯受命于危难，被任命为总理河道大臣，协助工部尚书朱衡治理运河，他的首要任务是保证漕运通畅。在治河方法上，潘季驯与朱衡发生了分歧，朱衡看到原来运河淤塞严重，主张在济宁南阳附近重开一条新河，而潘季驯主张恢复故道。朝廷采取了一个折中的方案，同意开新河，同时部分修复运河故道。在近 1 年的时间内，两人同心协力，开挖了鱼台南阳到沛县留城 140 余里的新河，疏浚了从留城以南至境山（今江苏徐州北）茶城的 53 里旧河，遏制了飞云桥的黄河决口，使黄河水不再东侵，漕运也得到恢复。此次治河工程取得了成功，潘季驯晋升为右副都御史。这是潘季驯第一次治河。嘉靖四十五年（1566年）十一月，他接到母亲去世的消息，遂离职回家守孝3年。

在潘季驯守孝期间，治河工作先后由朱衡和翁大立主持，依然延续"只保运不保河"的治河思路，方法是多开新河，避开黄河对运河的影响。但新河未开，黄河邳州又泛滥，造成了运河的淤塞。明隆庆四年（1570年），朝廷再次任命潘季驯担任总理河道大臣治河，潘季驯此次治河，采取了"加修堤防"和"堵塞决口"两项措施，并初步产生了筑近坝以束缚水流，筑遥堤以防溃决，利用双重堤防实现束水攻沙的设想。他指挥5万民工，堵复了11处决口，修筑缕堤3万余丈，使故道得以恢复。潘季驯当时正患背疮，可他不顾病痛，率领民工奋力抢险。当洪水漫过堤顶时，他沉着冷静，坚守堤防，鼓舞了民工的斗志，经过几昼夜的奋战，终于取得了胜利。后来经历了3次伏秋大汛，他指挥治理的地方都安然无恙。一年之内，他堵住了黄河决口，修复了部分黄河故道，重新开通了漕运。但他的治河理论遭到了朝廷很多人的质疑，恰在此时，黄河又一次决口，漕船覆没近百艘，在言官的弹劾之下，隆庆六年（1572年），潘季驯被撤销一切职务。

明万历四年（1576年）和万历五年（1577年），黄河再次在徐州等处决口，黄淮交汇处被淤塞，黄河北流，大水紧逼淮河，随后淮河又决口，河道向南迁徙，灾情十分严重。在宰相张居正极力举荐下，万历六年（1578年），朝廷第三次启用潘季驯治河，任命他为都察院右都御史兼工部左侍郎，总理河漕兼提督军务。潘季驯主持的一次大规模治河活动开始了。

潘季驯此次治河所面临的河道形势较之前几年相比，具有受灾面积大、牵涉因素多和治理内容更为复杂的特点。以往治理，只在黄河，而这次则要兼顾黄河、淮河和运河三条河流的关系，要通盘考虑治黄、治淮、保运、保祖陵、保民生等5大方面的利益要求。

经过全面勘测、调查和研究，潘季驯提出了对黄河治理的看法，他认为当时黄河的灾害，一是堤防决口，河道淤积，河口淤塞；二是黄河河床抬高，淮河水不能进入，于是向东南方向泛滥，造成淮、扬等地大面积受灾；三是黄河决口殃及运河，淤塞漕运使其中断。

　　潘季驯反对只着眼于局部，在向朝廷的上疏中，提出实施黄、淮、运全面治理规划，"通漕于河，治河即以治漕，会河于淮，则治淮即以治河，会河、淮而同入于海，则治河、淮即以治海"，只有束水攻沙，蓄清刷黄，集中水流将泥沙冲刷入海，才能解决黄河的问题。黄河的问题解决了，淮河、运河的问题也就解决了。

潘季驯束水攻沙示意图（局部）

　　当时治河的人一般都崇尚疏导分流，认为那是大禹实行的圣人之法。只有疏导分流、顺其自然才是上策。而修筑堤防被视为下策。潘季驯则认为，水流分散才是造成灾害的真正原因。他指出"黄流最浊，以斗计之，沙居其六，若至伏秋则水居其二矣。以二升之水，载八升之沙，非极迅溜，必致停滞"。只有汇合水流才能防止淤积，"水分则势缓，势缓则沙停，沙停则河饱，尺寸之水皆由沙面，止见其高。水合则势猛，势猛则沙刷，沙刷则河深，寻丈之水皆由河底，止见其卑"，进而提出了"筑堤束水，以水攻沙，蓄清刷黄，以河治河"的治理方略。

　　按照"塞决口以挽正河，筑堤防以杜溃决"的指导思想，潘季驯率领众人在河道南北两岸大力修筑堤防，在河南以下基本形成了正堤、缕堤、月堤、遥堤、格堤相互配合的完整堤防体系，使得河道变窄，以此迫使河流加速，通过水流把泥沙冲挟入海，以致"高堰初筑，清口方畅，流连数年，河道无大患"。这项浩大的工程仅耗时不足两年，黄河、运河、淮河一带出现了"两河归正，沙刷水深，海口大辟，田庐尽复，流移归业"的景象，实现了多年未有的漕运畅通的大好局面。

由于治河成功，潘季驯声名鹊起，被擢升为太子太保、工部尚书兼都察院右副都御史。之后，潘季驯调离总理河道大臣职务，先后担任过南京兵部尚书和刑部尚书等职务。宦海风波起，万历十二年（1584年），位居宰相的张居正死后被抄家，潘季驯为高龄的张母求情，被以张居正同党论罪，削职为民。这一年潘季驯64岁。

潘季驯被撤职后，河患多次发生，朝廷责令安抚使和地方官员分区治理却无济于事，在徐州黄河上游，重大灾害不断，河南境内的开封等地面临重大威胁。无奈之下，朝廷只好在万历十六年（1588年）第四次启用年近古稀的潘季驯去治河，这是潘季驯担任河官任期最长、督工范围最广的一次。

潘季驯上任之后，对黄河、淮河、运河又进行了一次全面的查勘，西至河南武陟，东至云梯关海口，北起山东东明，南至江苏高宝，纵横几千千米的广袤土地都留下潘季驯治黄的足迹。白发苍苍的潘季驯亲自领导施工，栉风沐雨，对江苏、河南、山东三省的河防工程做了全面规划，对黄河两岸堤防闸坝进行了一次普遍整修加固，修新堤、建堰闸、塞决口、浚淤河，他继续坚持并完善了"筑堤束水，以水攻沙，蓄清刷黄，以河治河"的治理方略，使黄河多支支流归于一槽，基本固定了由今兰考、商丘、砀山、徐州、宿迁、泗阳等地汇淮河入海的流路。作为束水攻沙的一项重要措施，他还提出了"淤滩固堤"的治理方案。

在长期治河实践中，潘季驯特别重视堤防建设与管护，对筑堤的取土位置、土质、夯实都有严格的规定，对已修堤防采取锥探或槽探的方法进行检查验收。他还制定了"四防""二守"和栽柳、植苇、下埽等严格的护堤制度，要求官民共守，日夜防范。

万历十七年（1589年）七月，黄河水暴涨，兽医口、李景高口两处漫溢决口，田园庐舍多遭淹没，人口畜牧尽付东流。潘季驯和民工一起沐风雨、冒霜露，亲自在工地上领导施工，终于在十一月将决口堵住。

万历十八年（1590年），黄河水大溢，徐州城中的积水逾年不退。廷臣们甚至商议要迁城改河。潘季驯坚持疏浚魁山支河，疏浚后泄洪量加大，积水终于消退。这一年，潘季驯总结一生的治河经验，写成了《河防一览》这一重要的治河专著。

鉴于他突出的治河业绩，万历十九年（1591 年）冬，朝廷给他加了太子太保职衔，任命他为工部尚书兼右都御史。因为年老多病，潘季驯曾多次请求退休。万历二十年（1592 年）二月，潘季驯终于得到允准离任，时年72 岁。万历二十三年（1595 年），75 岁高寿的潘季驯在家中安然过世，被葬在了故乡三墩村。

四次治理黄河，历经数十年的水利事业生涯，使得潘季驯成为名副其实的明朝水利第一人。潘季驯留下的众多治水著作，也被明清两代统领河道的官员们视为必读的书目。特别是他的束水攻沙思想，在治黄的理论上实现了从分流到合流，由单纯治水到重点治沙两个重大转折，总结和利用了水沙运行的规律，这是他超出前人的地方，在治理黄河的历史上是一个历史性的转折点。自此，黄河结束了数百年来多支分流的局面，开始以单一河道的形式运行。此后 300 年间，黄河沿线虽屡有决口发生，但主流一直稳定，这是潘季驯束水攻沙合理思想得到贯彻的结果。

这个理论，在后世的治黄事业中，得到了无数次的验证，世界知名的水利专家恩格斯（H·Engels）教授更是对这位中国古代同行的成就赞叹不已。著名水利专家李仪祉先生高度评价潘季驯的治河理论，称赞其把防洪与治沙有效结合在了一起，深刻认识到治河的基本原理。直到今天，水利界仍然把它视为治黄方略的核心之一。

从明朝后期开始，由于政治腐败、内忧外患，政府已无暇顾及治河，致使河政败坏、堤防失修，河患异常频繁。

第七节 靳辅：黄淮归海 漕运畅通

清朝时期，黄河基本上沿袭明朝的黄河流路，由于不再向涡河、颍河分流，全部经徐州进入淮河，所以形成了黄、淮、运三道合一的混乱局面。

康熙皇帝亲政后，将三藩及河务、漕运列为三件大事，"夙夜廑念，曾书而悬之宫中柱上"。而三大事之中，想平定三藩，就必须有一个稳定的后方和强有力的后勤保障，所以当务之急是防止黄河决口，黄、淮稍有泛滥，将直接危及漕运通畅。漕运作为维持大清帝国正常运转的生命线，运道一旦中断，将严重危及全国经济、政治、军事大局，治河也就成了康熙皇帝案前的头等大事。

尽管朝廷予以高度重视，但由于几任河官治河不力，康熙早年黄河几乎年年都有决口，仅清康熙元年到康熙十五年（1662—1676 年）间，决口就达45 次之多，给人民带来了深重的灾难。

清康熙十五年，平定三藩叛乱进入关键期，战事胶着，军需浩繁，民力维艰。进入夏季后持续大雨，黄、淮并涨，导致各处又发大水，决口 30 多处，淮扬地区灾情的疏报纷至京师。黄河水患还直接导致漕运严重受阻，水患的治理已经刻不容缓。康熙十六年（1677 年），经大学士明珠推荐，康熙亲自任命安徽巡抚靳辅为河道总督。康熙在敕谕中将河南、山东直隶江南各省与黄河运河相关地区的河道大权全部交与靳辅，并赋予他提督军务和节制山东、河南二省巡抚的权力，希望他能够彻底治理河患，实现一劳永逸的愿望。

靳辅，辽宁辽阳人，康熙初年任内阁学士等职，因政绩突出，38 岁调任安徽巡抚，上任 6 年，他兴利除弊，勤政爱民，广开沟渠，大兴水利，将安徽治理得井井有条。在得到河道总督的任命后，靳辅一方面感激皇上的信赖，另一方面忧虑重重。因为当时黄、淮、运三河并患，弊端百出，河务繁难。

之前几任河道总督，有的积劳病逝，有的因治河不利被革职，朝野深知黄河水患严峻，对河道总督一职"无不以畏途视之"。面对艰难的任务和巨大的挑战，靳辅备感压力，寝食难安。在这艰难之时，靳辅的幕僚，也是他的知心好友陈潢，给了他完成治河这一宏图伟业的信心和决心。

陈潢自幼就喜爱农田水利之书，尤其对明代治河专家潘季驯的《河防一览》有深入研究，十分推崇潘季驯束水攻沙的治河理论。除书本知识外，陈潢还十分注重实地考察。他曾利用在甘肃当幕客的机会，考察过陕西、宁夏一带的黄河，对黄河的形势及洪水特性有很深入的了解。靳辅出任河道总督令陈潢十分高兴，因为这样他既可运用自己的特长协助靳辅完成任务，同时也可以实现自己的治河理想。于是，陈潢向靳辅介绍了许多水利知识和自己的治河设想，使靳辅树立了治理好黄河的信心。

上任之初，靳辅着手做的第一件事就是沿黄河河道进行实地勘察。他和陈潢带领随员沿着泥泞的河岸，上下千里，考察河势。虽然汛期未到，可黄河两岸堤防已残存大量决口，下河七州县一片汪洋，沿岸到处是无家可归的灾民，整个运道尽毁，河道"敝坏已极"。他们白天与工匠民夫一同泡在泥水里，夜晚即住在沿河工棚里，广泛征询民间意见，只要有一言可行、一事可取，二人便虚心采纳。

经过一番艰苦周密的实地考察，靳辅、陈潢掌握了关于河道形势的第一手资料，对以往治河积弊有了深刻认识，以往的治河者为了保证漕运，只是单纯地关注运河，而没有把黄河、淮河、运河视为一体。通过实地考察和总结前人治黄利弊得失，靳辅开始逐渐形成自己的治河思路，提出了一个对黄河、淮河、运河进行全面治理的计划。

这个计划的主要内容包括：大规模地疏浚运河和清口，乃至入海口河道；将河南以下黄河两岸大大小小的决口全部堵复并加高、加固大堤；加修高家堰，蓄高洪泽湖水位；开白洋清河，以东引河水；开清口，引淮河水冲刷黄河下游河道；整顿河务，裁减冗员，遣散夫役，设立河兵制度，提供相应保障措施。

靳辅沿黄河实地勘察

　　这一计划思路清晰，构思严谨，是我国河工历史上最宏伟的治理规划之一。计划完成后，靳辅上奏了著名的治河方略《经理河工八疏》，此方略将黄、淮、运三河一气贯通，提出了五项治理工程、六项保证措施。这些工程与措施包罗了全面治理河道、协调三河水系关系、保证运河水位等问题，连治河大小官员的选派、钱粮来源、如何免除贪污浪费等问题都安排妥当。靳辅将其奏报朝廷后立下"军令状"，声明三年为限，"黄淮归海，漕运畅通"，否则甘愿接受任何处分。

　　治河心切的康熙帝细细阅览后，认为该方案确实可行，于是在康熙十七年（1678 年）正月批准了这项计划，对于治河钱粮，也随要随批，并下旨"治河大事，当为正项钱粮"。

　　靳辅和陈潢即将开始的这项治理工程规模宏大，任务艰巨。它涉及黄河、淮河、运河及相关的河湖水系，地跨江苏、安徽、山东、河南四省。

　　历朝历代在治理黄河泛滥上，首要做的就是堵塞决口。而靳辅在堵口之前，先行实施了一项重要的铺垫工程，那就是疏浚河道。

从施工方案上，疏浚黄河河道首先从下游开始，解决河口的梗阻问题，把"导黄入海"作为治理工程的第一项任务，对云梯关以下100多里的河道进行大规模的疏浚。

从施工技法上，采用新的"川字河"方法，在原河道两旁各挖一条引河，三条河平行，形成"川"字形。从引河中挖出的土用于修筑新引河的堤防，待工程完成，黄、淮二水合流攻沙之时，来势凶猛的水流在新筑大堤的束缚下，便会把河道与引河间的河滩和旧堤全都刷去，使新旧河槽连为一体。这项工程历时一年半基本完成，为以后束水攻沙创造了必要条件。

靳辅的治河有个理论，即"欲使下流得治，必治好上流"。根据这个理论，为防止黄河下流决口，靳辅又在上流砀山至睢宁的狭窄河道内修建减水坝13座。等下游疏通完毕，上游减水坝也修好后，靳辅又把主要精力放在了堵塞决口上，共堵复大大小小决口30多处，其中堵复难度最大的当属瞿家坝"成河九道"。在堵塞决口的同时，靳辅在沿黄河、淮河、运河两岸整修了千里堤防，无论是堤防的长度、防护范围还是治理效果，都远超前朝潘季驯时期。

为引淮河清水冲刷黄河下游淤塞河道，靳辅、陈潢培修加高高家堰大堤，蓄高洪泽湖水位，同时着手在黄河与洪泽湖之间的烂泥滩上开挖引河，使淮河的清水经由洪泽湖顺利进入黄河。另外，新建云梯关至海口束水堤72里，形成"冲沙有力，海口之壅积，不浚而自辟"的良好态势。

修复高家堰之后的第三项大工程是改建南运口。南运口是运河的入黄口，由于黄河淤积抬高，船闸一旦开启，黄河水就会向运河回灌，不但淤积运河河道，而且还会威胁运河堤防安全。因此，除重载和特许船只，只能用人力将船只拖过大堤进入黄河。陈潢经过实地勘察和精心谋划，巧妙地设计出了改建方案：在烂泥滩上开挖两条引河把运河和洪泽湖进入黄河的引河连接起来，在两条引河上分别建设闸口，二者交替使用。改建后不但船只可由运河顺利进入黄河，避免了"盘坝"的艰难，而且引河远离黄河，

减轻了船闸和运河的淤积。有人评论说，南运口的改建"一转移间，岁省民力财用不计其数"。

南运口改建之后，陈潢又着手整理、修复黄河以南的运河河道。至康熙十八年（1679 年）二月，恢复运道的工程全部完成。这个几十年没有解决的大难题仅用几个月时间就被陈潢解决了，康熙得知后十分高兴，当即给这段新河赐名"永安河"，取运道永远安澜、民生永远安宁之意。

疏通运河和清口以下黄河的工程进展顺利。按照计划，下一步的任务是堵塞清口以上黄河堤防的决口，让黄河回归故道。康熙十九年（1680 年），一些易堵的决口相继堵复，其中最大、最难堵复的就是黄河北岸的杨家庄决口。对此陈潢做了详细的计划。然而当年黄河遭遇大水，堵口工程十分困难。决口处水流汹涌，如同小山丘一样的大埽被推入水中后来不及固定就被冲走了。几次尽力堵复均未成功，原计划几个月完工的工程一直拖了一年多。直到康熙二十年（1681 年）的十二月底才将决口堵上，靳辅这时终于放下心来，总算在限定的 3 年时间内实现了黄河回归故道的承诺，他随即向皇帝奏报了堵口成功的消息。

不料奏折刚刚报上，黄河又发了大水，已经堵复的决口再次被冲开。陈潢组织民夫重新抢堵，经过一个多月的奋战，决口重新合龙。靳辅、陈潢刚刚喘了一口气，康熙二十一年（1682 年）三月黄河又发大水。由于杨家庄决口堵复，水量陡增，徐家湾河段堤防尚未加高、加固，大水从堤顶漫过，造成大堤决口 100 余丈。靳辅、陈潢赶忙组织抢堵，大堤堵塞后，二人一面处理善后事宜，一面奏请皇上派钦差大臣前来勘验工程。谁知奏疏刚刚送上，萧家渡一带旧堤因洪水浸泡塌陷，竟出现决口 90 多处。靳辅、陈潢立下的军令状，保证 3 年完成治理黄河的目标一下子成了泡影。

其实在康熙二十年五月，靳辅承诺的大修期限就已经到期，可黄河屡屡决口，未归故道。一些流言蜚语开始活跃起来，康熙对靳辅花费巨资治河的成效也开始半信半疑，加之部分官员不断收集靳辅的罪状，康熙遂下旨革去靳辅河道总督职务，令其戴罪督修，限期 6 个月完成。

　　在靳辅戴罪治河的同时，朝堂上充斥着关于治河的不同言论。康熙二十一年十一月，康熙召集众多官员讨论治河事宜。靳辅原有的治河思路得到认可，所有工程仍按原计划进行。

　　康熙二十二年（1683 年）三月，黄河回归故道的关键工程萧家渡决口合龙。此后，几经周折，历经艰难，靳辅、陈潢二人终于将徐州以下黄河、淮河、运河上的决口全部堵塞，用了 5 年的时间完成了此前预定 3 年完成的目标，使河流回归故道。在此前后，靳辅、陈潢还相继完成了北运口改造、修复归仁大堤等重大工程，又把治理范围向上延伸，加高、加固河南境内的堤防，修建多处减水闸坝，同时整顿河务、加强管理，谋求长治久安。

《康熙南巡图》中的治河工地场面

　　康熙二十三年（1684 年）十月，康熙帝南巡，遍视各处河工，一路下来，看到黄河、淮河、运河被治理得井井有条，心情大好，十分欣慰，下令恢复靳辅的河道总督职务。此后，由靳辅举荐，陈潢被授予佥事道的职衔。康熙南巡期间，看到黄河沿岸没有什么大的问题了，但支流洪泽湖沿岸高邮等地因淤积严重，造成大量田地被淹。回宫后，康熙执意实施疏浚洪泽湖到入海口的下河工程，并表示："下河必治，所需经费，在所不惜。"

　　康熙二十四年（1685 年），靳辅没有跟在康熙关注的下河工程后面亦步亦趋，此时他所关注的重点是进一步完善"中河"工程，解决运河漕运通道一劳永逸的问题。那么，什么是"中河"呢？当时，清代漕船在运河中北行，出清口即进入夺淮后的黄河，借 180 多里的黄河河道行船。然而，由于当时黄河淤积严重，行船缓慢，风涛险恶，不时有漕船沉没。于是靳辅、陈

潢紧邻现有河道新开一条河，利用原有的运料将河加以扩展，又开挖了部分河道，将南北两段运河连接起来，这条河就叫作中河。中河开通以后，除南运口到中河入黄口短短几里，运河将不再借用黄河河道，实现了黄、运分离，保证了漕运的安全畅通。这在中国运河发展史上是一个重大的贡献。

中河修建后发挥了极大效益，康熙对此极为赞赏。但是当靳辅提出希望在上游再修建一些减水坝，以减轻中河压力时，康熙并不热心，他认为上游的减水坝已经够用，当务之急是实施下河工程，解决洪泽湖淹没问题。靳辅对此持有不同意见，他认为开浚海口会引起海水倒灌，不但达不到治理的目的，还有可能造成更多的灾害。二人在治河观点上的分歧使康熙转而任用于成龙负责下河工程。

康熙二十七年（1688 年），位高权重的大学士明珠被罢黜，因明珠一贯支持靳辅的治河主张，而他的下台，使下河治理工程技术上的争论迅速上升为政治斗争。此前，靳辅治河成功后，将空出的良田分给百姓耕种，就招致了一些官员的强烈不满。此时这些反对靳辅的官员看出，在下河治理问题上，靳辅一再违反上意，于是纷纷奏报弹劾靳辅，说他"靡费帑金""攘夺民田""违抗圣意"等。

三月，康熙专门召开御前会议，讨论下河治理问题。会上，众官员纷纷支持开浚海口，但靳辅不想违心屈从，不顾康熙的意向，仍和于成龙等人激烈争论。康熙甚是不悦，他本来就对靳辅固执己见、与众议不合不满，特别对靳辅阻挠自己主张实施下河工程耿耿于怀，于是对靳辅严加训斥。不久，朝廷决定将靳辅革职处分，陈潢也因"攘夺民田，妄称囤垦"的罪名被革去职务，押解京城，听候处理。陈潢为实现自己的治河理想，不畏艰难，不辞辛劳，一心为民，没想到最后却被投入监狱，蒙受不白之冤。他在沉重的打击之下一病不起，在押解京城的路上含恨去世，年仅 51 岁。

康熙二十八年（1689 年）正月，因朝臣们在治河上出现意见分歧，康熙决定第二次南巡，特命赋闲在家的靳辅随行。这次南巡历时 70 天，康熙亲眼看到了黄河、运河治理的成绩，对靳辅又有了新的认识，同时意识到此前对靳辅的处理过重，回到京城后，便宣布恢复靳辅以前的官衔级别。

康熙二十九年（1690 年）、三十年（1691 年）连续两年发大水，防汛压力骤增。西安、凤翔两府因受旱灾颗粒无收，北部边防吃紧屡屡告急。军需供应、赈济灾民、京城需求，无一不依赖于运河漕运。

康熙三十一年（1692 年），康熙再次任命靳辅担任河道总督，这时靳辅年近花甲，体弱多病。特别是好友陈潢随自己奔波半生，不但没有得到任何回报，反而蒙冤而死，使他在精神上受到沉重打击，对官职、荣耀已经毫不在意。他再三推辞，无奈康熙主意已定，靳辅只好领命赴任。

靳辅 10 多年间被两次罢官，这次复职已经是三膺河道总督一职了。他复职后即为陈潢平反昭雪，尽心竭力操办河务，带病坚持奔波于黄、淮、运河之间。陕西西安、凤翔两府受灾，靳辅将南方漕运调来的 20 万石粮食沿黄河而上赈济灾民。他当时已身染重病，但仍强撑着病体，精心策划调度漕粮走运河入黄河至孟津，陆路向西运至蒲州，尽心尽力，受到康熙嘉奖。但由于长期过度操劳，他的病情日益严重。在生命的最后一段时间，他仍然连连上疏，复陈两河善后之策及河工守成事宜。在第三次担任河道总督仅 9 个月之后，这位为大清做出重大贡献的治河大臣病逝官衙，终年 60 岁。

康熙对于靳辅的去世十分悲伤，降旨悼念，诏赐祭葬，褒扬他的治河功绩利在国家，德泽生民。靳辅因卓著的治河功绩，深受江南人民怀念，人们奏请皇帝批准，在河畔为他修建了祠堂。靳辅生前所著的《治河方略》一书，也成为后世治河重要的参考文献。靳辅虽治河成绩显著，但仍未解决黄河泥沙的根本问题。清末外忧内患，黄河疏于治理，下游河道淤积严重，决口不断。

第八节 李仪祉——近代治黄事业的开拓者

随着清朝的灭亡，中国人民推翻了延续两千多年的封建帝制，中华民国成立，近代化因素向各个领域渗透。西方先进治水理念与科学技术的传入，使中国的黄河治理科技水平有了明显进步，治理方略也发生了深刻变化，初步形成了具有新时代特征的治河思想。

这一时期，以李仪祉为代表的近代治河专家，在总结传统治河经验的基础上，汲取西方先进科技成果，创造性地提出了"黄河综合治理理论"，强调采取"上中下游兼顾、增加植被根除泥沙、兴建水库蓄洪防涨，以及因势疏导"等措施，对促进当时水利事业的发展和黄河治理工作的开发做出了十分重要的贡献。

李仪祉，陕西蒲城人，生于1882年，从小精习数学、文学，清末毕业于京师大学堂，早年曾两度留学德国，专攻铁路工程和水利。李仪祉自幼生长在缺水干旱的渭北高原，平生夙愿就是振兴中国水利。1915年，满怀一腔报国热情的李仪祉学成回国，与主张实业救国的张謇联手创办了中国首个水利高等专科学校——河海工程专门学校（河海大学前身），培养出了我国第一批现代水利人才。这对推动当时的黄河治理工作从传统治河向利用近代科学技术治河的转变，发挥了重要的作用。

民国时期由于政局动荡，军阀割据，战争连绵，各种灾荒频发，加上帝国主义的野蛮侵略，在相当长的时间内，民国政府无暇顾及黄河治理。但为了稳定局势、增强国力、巩固统治，民国政府对黄河治理也采取了一定措施，成立了具有近代意义的治河机构——黄河水利委员会，任用了一批水利专家和技术人才，兴建了一批急需开展的治河工程。

1933年8月，黄河下游发生罕见的流域性特大洪水，洪水历时8个多月，造成黄河下游堤防决溢 100 余处，导致河南、河北、山东、陕西、绥远（中国原省级行政区，包括今内蒙古自治区中部、南部地区）、江苏等 6 省67 县受灾，灾民达 329 万多人。9 月 1 日，国民政府成立黄河水利委员会，李仪祉受命于危难之际，担任首届黄河水利委员会委员长。作为黄河水利委员会委员长的李仪祉虽无实权，但他一直忙碌在抢险救灾的第一线。在目睹了黄河洪水给民众带来的灾难后，他开始反思中国治黄的根本问题，并构思未来中国的黄河治理方略。

李仪祉对黄河治理进行了深入研究，密切关注中外水利专家在治黄理论上的动态与分歧，尤其是对中国古代治河经验的收集和整理格外上心。他悉心研究治黄方略，先后撰写了《黄河之根本治法商榷》《黄河治本的探讨》《黄河水文之研究》等专著，详细论述了自己对于治黄的学术观点，提出了治河要以科学为原则及治理黄河应重视上游的主张。他认为，黄河之所以难治，是因为其所含泥沙过多，要从根本上治黄，必先控制对泥沙的冲积。他通过系统的调查研究，提出解决泥沙问题的途径，即必须要上、中、下游统一治理，而且首次提出应将治黄重点放在西北黄土高原上。他还主张在田间、溪沟、河谷中截留水沙，并提倡治理黄河与发展当地的农、林、牧、副业生产相结合，运用系统思维进行生态治沙和治水，在水土保持理论方面开了先河。

在研究与实践的基础上，李仪祉对事关全局的防洪安全问题，筹划出三条出路：一是疏浚下游河槽，以增加其容量；二是修建支流拦洪库，以调节水量；三是开辟减水河，以减异涨。此外，他还提出了另一项治黄措施——修建水库、节制洪水，并就建库地点一一提出了方案。

他在《黄河治本计划概要叙目》一文中，提出了一系列根治黄河的措施，对防洪治沙、造林灌溉、放淤垦荒等列出新的规划，包括黄河洪水量分配、河槽整理、节蓄洪水、开辟减河、防治泥沙、植树造林、水利开发等内容，详细论述了根治黄河的见解，改变了人们几千年来单纯着眼于黄河下游的治水思想，使我国治黄方略走向了一个新的阶段。

　　然而，他的规划还未及实施，孔祥榕于 1935 年冬兼任了黄河水利委员会副委员长一职。李仪祉自觉不能和孔祥榕合作共事，便辞职回到老家，并在杨虎城主政陕西期间任陕西省建设厅厅长。

　　李仪祉一生践行"水利救国"，特别是对家乡的水利事业倾注了毕生精力。在时局动荡和经费匮乏的情况下，他亲自组织了泾惠渠、渭惠渠的建设。经过一年多的艰苦施工，引泾第一期工程终于在 1932 年 6 月 21 日竣工通水。紧接着，引泾第二期工程在 1935 年完工，灌溉面积一下扩大到了 65 万亩。工程的相继完工让当地百姓大受其利。李仪祉一位学生在日记中记录了当时渠水开通前后的情形：泾惠渠开通前，陕西大旱，近 200 万灾民饿死。农民大都四处逃散，甚至出走时把屋里能卖的全卖掉。泾惠渠开通后，农民连续两年获得大丰收，灌区之内情况大变，无论男女老幼都穿上新衣服。集市百货充斥，尤为热闹，农家屋房均已修饰一新，找不出旧时破烂痕迹。水利建设效益的宏大，非亲眼所见不敢相信……在考察洛惠渠时，李仪祉生了一场大病，他在枕边部署规划了洛河修渠方案，精心筹划了泾惠、渭惠、洛惠、

泾惠渠

梅惠、黑惠、涝惠、沣惠、泔惠等关中八惠，并四处募捐，历尽艰苦，治水业绩惠及陕西全省。

李仪祉注重水利教育，除在河海工程专门学校专职任教外，还在治水实践中先后创办了陕西水利道路工程学校、陕西水利专修班及水利民众学校，并兼任西北大学校长。作为我国近代水利事业和水利教育的开拓者及先驱，他在大江大河治理、水利工程建设、水利人才培养和水利科学研究等方面均做出了杰出的贡献。

1938 年春，李仪祉身染重病，直到临终前他还吩咐说："未竟及尚未着手之水利工程，应竭尽人力财力，以求于短期内逐渐完成。"

李仪祉去世后，西安各界素车白马、满街塞巷悼念这位德高望重的水利先驱，自觉参加送葬的群众达 3 万人之多，国民政府发布特令予以褒扬。《大公报》发表短评称："李先生不但是水利专家，而且是人格高洁的模范学者，一生勤学治事，燃烧着爱国爱民的热情，有公无私，有人无我。"人们把他的墓地选在泾惠渠旁分水闸后的张家山，以表达对这位水利大师一代贤哲的缅怀之情。

第三章

人民治黄新纪元

民国时期，天灾人祸，内忧外患。先是军阀混战，继而日军侵华，河患更是不断。

抗战胜利后，围绕黄河回归故道这一重大事件，国共两党展开了针锋相对的斗争。1946年，冀鲁豫解放区黄河水利委员会成立，在炮火纷飞的艰苦条件下，中国共产党领导冀鲁豫解放区和渤海解放区的军民，"一手拿枪，一手拿锹"，展开大规模的治河复堤和防洪抢险工作，由此开启了人民治理黄河的新纪元。

第一节 人民治理黄河事业的发端

人民治理黄河事业的发端，缘于花园口决口堵复、引黄河回归故道的实施。抗战胜利后，国民党政府和联合国善后救济总署决定堵筑花园口口门，使黄河回归故道，以消除黄泛区的灾害。黄河回归故道，是民国历史上的一个重大事件。它既是事关黄泛区与黄河故道两岸人民切身利益的一个重大问题，也是第二次世界大战之后联合国善后救济总署的一项重大工程。同时，由于黄河重要的战略地位，黄河回归故道的问题也成为国共双方政治、军事斗争和国内外各界人士广泛关注的焦点。

1946年年初，冀鲁豫解放区获悉黄河即将归故的消息后，立即电报中共中央。中共中央对黄河归故问题非常重视，经认真研究认为"黄河归故，华北、华中利弊各异，但归故意见在全国占优势，我们无法反对，此事关系我解放区极大，我们拟提出参加水利委员会、黄委会、治河工程局，以便了解真相，保护人民利益"。随后中共中央确定了顺应大局、不反对黄河归故的立场，主张先复堤、后堵口，尽力保护解放区军民的利益。1月8日，中共中央副主席周恩来在延安发表严正声明，指出：目前陇海路东段内战正异常紧张之际，在故道复堤尚未完成，裁弯取直尚未开始，河床居民尚未迁移之际，国民党政府突于上月底，严令郑州军事当局及黄河堵复局，在花园口强行堵口。其目的在于利用黄河水淹没解放区人民和军队，割断解放区的自卫动员，破坏解放区的生产供给，以达到军事目的。望全国同胞与全国舆论，共同制止这一阴谋。

据此，冀鲁豫解放区党委和行署一方面积极同国民党进行黄河归故的谈判斗争，另一方面决定成立黄河水利委员会，具体组织和领导修堤防汛工作，一旦黄河回归故道，可减少损失，保证安全。

黄河归故问题涉及群众安置和救济，当时的主要工作有调查黄河故道历次决口情况，大堤内村庄、人口、房屋、土地情况，勘察河道内外地势及堤坝破坏情形，收集群众对黄河归故的反映意见等。

1946年2月22日，是中国人民治理黄河历史上划时代的一天。这一天，中国共产党冀鲁豫解放区党委和行署决定成立治河机构——黄河故道管理委员会；3月12日，冀鲁豫行署决定在沿河各专署、县分别设立相应的治河部门；5月31日，黄河故道管理委员会改称为冀鲁豫解放区黄河水利委员会，作为解放区治理黄河的专门机构，由王化云任主任，从此拉开了人民治黄的序幕。

当时，冀鲁豫解放区共管辖13个专署、120余个县级政权。其中，分布于黄河故道两岸的县级政权有考城、东垣、东明、南华、长垣、濮阳、昆吾、曲河、濮县、范县、寿北、张秋、鄄城、郓北、寿南、昆山、平阴、河西、东阿、齐禹等20个。根据解放区对应的行政区划，冀鲁豫解放区黄河水利委员会下设4个修防处，分辖沿河各县修防段。解放区对修防处、段实行双重领导，以冀鲁豫解放区黄河水利委员会垂直领导为主，专署、县政府领导为辅。

中国共产党领导的人民治理黄河机构的创立，为解放区的黄河治理工作提供了组织保障。它在组织修复故道堤防、迁移河床居民、参与黄河归故谈判等方面进行了大量卓有成效的工作，为人民治黄事业的开展奠定了组织基础。

国民党政府在1946年3月决定开始实施花园口堵口工程，这一举动遭到解放区政府和民众的强烈抗议。

花园口堵口现场

这时，国共双方正处在军事调停阶段，全面内战尚未爆发，国民党政府深恐黄河事态扩大引起舆论抨击，对整个政治局势不利，因此对解放区的强烈反应有所顾忌。双方经过协商，决定通过谈判解决黄河归故问题。

从1946年4月开始，国共双方、联合国善后救济总署等围绕堵口复堤程序、工程粮款、河床居民迁移费等事宜，先后在开封、菏泽、南京、上海等地多次进行艰难谈判，并签订了一系列协议。这些协议延缓了花园口堵口进程，为解放区赢得了一定的复堤时间，并争取到了一批款项、物资。

但是国民党政府并无诚意执行这些协议，而是一再违约加快花园口堵口进程，企图配合军事需要，尽早实现堵口合龙。对于国民党方面违约加快堵口的行径，中国共产党和解放区人民表示了极大的愤慨。解放区军民、国内舆论对此多次予以强烈抗议。中共中央也一再发表声明，谴责国民党当局的倒行逆施。国民党统治区各界人士也纷纷通电表示抗议。解放区代表向联合国善后救济总署呼吁：国民党政府忽视复堤、加快堵口，联合国善后救济总署对此必须加以制止，否则解放区人民将采取一切方法奋起自救。

当时，花园口堵复工程并不顺利，无论是流量条件还是工料准备等方面都不具备加速实施合龙的条件，国民党政府及联合国善后救济总署顾问塔

黄河花园口决口合龙

德却一意孤行，强行推进，结果使花园口堵口工程接连两次遭到失败。为了尽早完成堵口工程，花园口堵口复堤工程局改进了施工方法，决定采用立堵法合龙。1947年3月15日，花园口堵口合龙，黄河回归故道。

黄河归故之后，首当其冲的是河床居民。据不完全统计，冀鲁豫、渤海两解放区沿河共有21个县的331个滩区村庄被淹，52万亩耕地被淹，人民群众受灾严重。

这一时期，通过黄河归故斗争，解放区建立了黄河治理机构，培养了大批领导骨干和技术骨干。他们通过实践锻炼，以及刻苦钻研，成为黄河修堤整险的中坚力量。在人民治理黄河初期，这些技术人才对促进各项业务工作的开展发挥了重要作用。

风起云涌、波澜壮阔的黄河归故斗争，是解放战争时期的一个重大事件，为当时全国乃至全世界所瞩目。国共两党在黄河归故问题上的斗争，实际是国内政治、军事斗争在黄河治理领域的反映。在中国共产党的正确领导下，黄河归故斗争在政治、军事领域以及促进黄河治理事业发展方面均取得了重大胜利，在中国现代史特别是黄河治理史上写下了浓墨重彩的一页。

第二节　一手拿枪　一手拿锨

在战火纷飞的环境下，为保护解放区人民的生命财产安全，中国共产党领导解放区军民"一手拿枪，一手拿锨"，夜以继日抢修故道，开展了大规模的治河复堤和防洪抢险工作，圆满完成黄河归故后堤防不决口的艰巨任务，为解放战争顺利推进做出了重大贡献。

人民治黄开始后，针对国民党政府加紧堵口的行动，为了争取主动，保护解放区人民利益，解放区政府迅速组织实施复堤整险工作。

在解放区政府的周密组织下，1946年5月下旬，冀鲁豫和渤海两解放区开始进行复堤工程。冀鲁豫行署动员了沿河18个县的23万民工，在西起长垣、东到齐禹近300千米的堤段上展开复堤整险工作。远离黄河的内黄等县也动员大批民工自带工具，赶赴工地支援沿河人民修堤。渤海解放区的故

1946年，冀鲁豫解放区范县群众复堤情形

道堤防长 90 多千米，渤海行署除动员沿河 11 个县的民工参加复堤外，还组织了邹平等 8 个邻近县的民工进行支援，上堤民工达到 20 万人。

复堤工程进行期间，周恩来专门给晋冀鲁豫中央局、山东中央分局发出电报，明确指出："复堤动员望加速进行，以争取大量工款及器材使用我区，望 40 天内完成初步工程，则大汛虽至亦无危险。"

解放区广大群众对修堤治河的积极性很高，表现了满腔的革命热情和认真负责的精神。村与村、区与区立下了战表，发起了竞赛。天不亮就开始上堤，太阳落山还不肯收兵，每天劳作多达十三四个小时，保证按标准修堤，按规定时间完工。各村还组织了生产互助组和代耕组，帮助上堤民工开展生产，解除了他们的后顾之忧。

在修堤工程中，涌现出许许多多的英雄模范人物。他们不辞劳苦、任劳任怨，为修复故道堤防做出了积极贡献。滑县农民江聚厉当时人称"火车头"，为了修堤，他用 5 斗麦买了一辆推车。作为突击队主力队员，在和别村比赛中，他曾一口气推土 84 车。复堤大军中的女英雄也不示弱，昆吾县周庙村 24 岁的女党员赵贵生作为复堤指导员带领二三十个男女青年参加了此次复堤大战，她推土、做饭一肩挑，一人一口气推过 20 多车土。有人问她一个女人怎么干劲儿这么大，她落了泪，动情地说："我 8 岁下山西讨饭，10 岁返乡结婚，婆家只有半亩地，常常吃了上顿没有下顿。丈夫在地主压榨下含恨死去，撇下了两个孩子受尽了苦难。村里解放后，日子才好过了。现在黄河水要淹我们，我们怎么能不多出点力、流点汗把堤修好，保护自己的家园呢？"质朴的语言，可敬的人民。

为了修堤，解放区人民付出了很大牺牲。当时正是秋庄稼生长期，大堤内外到处是长势喜人的高粱等作物。修堤用土，需要挖掉很多庄稼。对于刚刚从战争中劫后余生的人民群众来说，每块田地都是命根子，但为了修堤，广大群众默默地承受了损失。

解放区修堤是在国民党军队实行封锁的困难条件下进行的，当时粮食、药品、修堤器材等物资极为匮乏。广大群众常常是饿着肚子从事着繁重的复堤劳动，再加上天热，很多人都病倒了。面对这些艰难情况，解放区政府一面号召广大群众克服困难，坚决完成复堤任务，一面多次向国民党当局、联合国善后救济总署紧急交涉救济物资。解放区的党政机关及其工作人员也一再压缩开支，咬紧牙关，全力支援复堤工程，与人民群众一起共渡难关。

硪工夯实堤防

在复堤整险中，针对特别缺少石料的问题，解放区政府发动群众开展了献砖献石运动。广大群众积极响应政府的号召，不少乡、村建立了砖石收集小组，把村里村外的废砖废石、破庙基石收集起来，肩挑人抬，小车推、大车拉，送到大堤险工上。为了河防的需要，有的群众把多年积攒的用来盖新房的砖石都主动贡献了出来，他们说，水火无情，黄河决了口连命都保不住，家产房子有啥用。在群众的踊跃参与下，解放区政府筹集了大批砖石料物，得以完成险工坝埽整修工程。

6 月 1 日，冀鲁豫行署向沿河各专署、县政府、修防处、修防段发出修堤命令，要求对《南京协议》必须坚决执行，力求实现，以达到我边区与新泛区同胞同样不受灾害之目的。为此冀鲁豫行署特决定沿河各县府应立即动员组织群众即日开工，将堤上獾穴、鼠洞、缺口等修补完毕，打下加高培厚之基础，完工后即开始修理河岸大堤。同时要求，在未能测量之前，各县暂按旧堤加高 2 市尺，堤顶加宽至 2 丈 4 市尺，动员群众即日开工，不得等待，以保证任务及时完成。

6 月 3 日，冀鲁豫行署在菏泽召开由沿黄河各地专员、县长和修防处、段负责人参加的浚河复堤联席会议。行署主任段君毅做了政治动员，王化云提出了修堤的技术要求。会议明确指出：浚河复堤，事关大局。各地务必把保卫黄河作为一项战斗任务来完成，与洪水争速度，为战争抢时间。各地要以修堤为中心，县长亲自上阵，发动群众立即动工。基本政策是有钱出钱，有力出力，合理负担，适当补助。各专区、县务必动员群众全力以赴，在麦收前后就要开工。堤身修复标准按行署规定执行，至于险工整理及裁弯取直，待国民党政府黄河水利委员会与联合国善后救济总署方面带领测量队共同测量后再行展开。每个民工每天给小米 1 公斤，工程粮先由各县垫支。修堤工具、棚子等由民工自带。各县组成复堤指挥部，修防处、段参与领导指挥修堤，具体问题由各专区讨论解决。

当时正值汛期，防汛形势十分严峻。就堤防的抗洪能力而言，因解放区刚刚突击修复的堤防工程还很薄弱，尚未经过洪水的考验，加上防汛物资不足，防汛队伍缺乏经验，因此动员一切力量，紧急行动起来，克服各种困难，战胜洪水和国民党军队的双重进攻，誓死保卫解放区，便成为下游解放区党政军民的当务之急。

各级防汛指挥部还根据老河工提供的经验，制定了大堤发生漏洞险情后的抢护方法。群众防汛队伍尽管组建时间不长，但是工作作风却非常扎实、认真，有很高的积极性和自觉性。如濮县史王庄村妇女史秀娥在巡堤查险时发现背河堤坡出现漏洞，立即大喊报警，该村和邻近 20 多个村的千余名群众闻警赶到，经过一天多的紧急抢护，终于将漏洞堵住，化险为夷。

解放区的修堤工作得到了联合国善后救济总署的认可。6 月初，联合国善后救济总署塔德、张季春及堵复工程局阎振兴等一行抵达菏泽查看冀鲁豫解放区的复堤及河道居民迁移情况。看到大批民工参加复堤作业，一行人对解放区迅速执行《南京协议》、积极开展复堤工程大加赞扬。

国民党军队为了挽救军事上的不利局势，凭借占领的南岸堤防，全力阻挠解放区复堤、防汛，破坏堤防。他们不但拖延拨付应向解放区提供的修堤工款、器材、料物及河床居民的迁移费，还不断派部队袭击修堤工地，杀害治河员工。5月26日，国民党军队袭击齐河县梨庄、魏庄等地，射击正在修堤的数千名民工，当场杀死修堤民工12人，致伤2人，抓捕13人，数千名民工被强行驱散。次日，该地国民党军队再次袭击修堤工地，杀死修堤民工4人，致使该地复堤工程被迫中断。6月14日，冀鲁豫解放区长清修防段段长张元昌等6人到黄河沿岸检查护岸建设工程，他们行至孝里镇西小燕村时，受到潜伏在该地的国民党特务的袭击，全部被残忍杀害。

血染长堤

王汉才是中国共产党领导人民治黄以后成立的长垣县（今长垣市）黄河修防段段长。他任段长之时，长垣境内的黄河堤防由于连年战乱无暇修复，已是千疮百孔，急需修复的堤段就有30千米，其中南段20余千米当时还在国民党占领区内。王汉才段长坚决贯彻我党提出的新的治黄主张，带领刚刚翻身解放的农民群众，积极开展复堤抢险自救运动。而国民党不但不组织修复其占领区内堤段，反而费尽心机阻挠农民群众的修堤行动。王汉才带领长垣1万多名民工深入国民党占领区抢修堤防，"一手拿枪，一手拿锨"，敌人不来就修堤，敌人来了就打仗，就这样冒着生命危险推动复堤工程的进度。1947年7月15日早晨，王汉才正领着民工在大车集堤段进行复堤，突然遭到国民党第47师的袭击，当场死伤了30多名民工。王汉才段长在指挥其余民工转移时，与工程队队长岳贵田、队员李光山一起不幸落入敌手。敌军对王汉才等人进行了严刑拷打。王汉

才大义凛然，痛斥敌军破坏复堤、不管人民死活的罪恶行径。敌军恼羞成怒，竟然把王汉才等3人五花大绑，押至金寨村头活埋。王汉才等人在高呼"共产党万岁"的口号声中英勇就义。王汉才把他36岁的年轻生命，献给了早期的人民治理黄河事业。

在险恶的环境下，为了加快修堤进度，解放区人民采取了许多机智灵活的办法。白天不能进行时，就在夜间施工；不能集中大量人员进行时，就分散施工，并把治河工作与其他工作巧妙安排，调配好人力、物力，穿插进行。

经过一个多月的艰苦努力，解放区第一期复堤工程基本完成。至7月中旬，冀鲁豫解放区共完成修堤土方770余万立方米，昔日残破的大堤得到了初步恢复。至7月20日，渤海解放区完成修堤土方416.4万立方米，不但修复了故道两岸90余千米长的旧堤防，还堵复了1937年麻湾决口的老口门，并培修了垦利以下河口段新堤30千米。

冀鲁豫解放区黄河水利委员会纪念碑

从1946年年初到1947年夏，中国共产党在与国民党当局进行的这场黄河归故斗争中，推迟了堵口，赢得了下游故道的复堤时间，保卫了黄河两岸人民的生命财产，从而粉碎了国民党当局企图水淹解放区的阴谋。

第三节　支援刘邓大军渡黄河

1946 年 7 月解放战争开始后，人民解放军采取了以消灭敌人有生力量为主要目标，而不以保守或夺取地方为主要目标的作战方针，执行了"集中优势兵力，各个歼灭敌人"的作战原则。至 1947 年夏，经过一年的内线作战，国共双方军事力量对比发生了重大变化。在机动兵力上，人民解放军已经超过国民党军队，同时装备也有了很大改善。

中共中央和中央军委及时制定了"以主力打到外线去，将战争引向国民党区域，在外线大量歼敌"的战略方针，在黄河以南、长江以北，西起汉水、东至大海的广大中原地区向国民党军队发起战略反攻。

黄河天堑自古便是战略要地。刘伯承、邓小平率领晋冀鲁豫野战军主力千里跃进大别山，需要突破国民党军队防守的黄河天堑防线。经调查研究分析，最终决定在黄河北岸、河南省境内的孙口等渡口处实施渡河计划。

支援部队渡河作战，是当时冀鲁豫解放区黄河水利委员会的一项神圣使命和优良传统。1946 年夏冀鲁豫解放区黄河水利委员会就曾支援华东野战军渡过黄河，当时各修防处、段相继建立了船管科、船管股及造船厂。第四修防处在陶城铺、南桥、滑口、胡溪渡、董寺等村庄设立造船厂 5 个，参加的干部、工人多达 1500 余人。1947 年 1 月 10 日晚至 11 日，该处组织工程队员 200 多人、民工 1500 多人，在平阴城北田山头至黄河故道对岸胡溪渡之间，用 15 艘大摆船架起一座 500 米长的浮桥，保证了 12 日晚华东野战军第 10 纵队 5 万多人和担架队 1 万多人顺利通过，受到纵队司令宋时轮的高度赞扬。宋时轮还赠送"水上英雄"锦旗一面，以示嘉奖。

1947 年 3 月初，冀鲁豫军区和行署在接到配合刘邓大军渡河作战的任务后，成立了冀鲁豫解放区黄河河防指挥部（后改为"黄河司令部"），主要任务是保卫黄河两岸大堤，征集、建造和管理船只，建立渡口，保证战时交通，组织并训练水兵等，为刘邓大军渡黄河做前期准备。

为支援解放军渡河作战，成立了"黄河司令部"

　　黄河河防指挥部实行军事编制，下设政治处及作战、供给和船管等部门。沿河各县设立船管所 10 处，招集水兵 2000 余人，拥有船只 200 余艘。1947年夏，各船管所改编为 5 个水兵大队及 1 个警卫营，每个大队设 4 个中队，每个中队配五六只大船、若干小船，分别驻扎濮阳县、范县、东阿县、齐河县。另外，在濮阳县、濮县、范县和昆吾县等地设造船厂 4 个，在濮阳相城、濮县李桥、范县李翠娥、寿张孙口等沿河村建立 4 个军渡渡口。

　　按照冀鲁豫行署安排，冀鲁豫解放区黄河水利委员会除了做好防洪工作，还负责造船和组织训练渡河水兵。同时将各个渡口的船只集中到北岸修补、隐藏，并在沿黄河 4 千米以内的十里井、林楼、张堂、孙口、毛河（后移至陈楼）等地兴建造船厂，调集沿黄村庄的木工昼夜赶工。

　　造船所需材料主要采取分派的办法进行征集。麻料由东阿、平阴、河西等 11 个县完成，每县征购 0.75 万～1.25 万公斤。木材方面，规定凡 5 把粗的杨树一律封购。船钉买不到，就动员群众献铁，或组织民兵到敌占区扒铁轨和道钉，组织农村铁匠设炉打钉。没有桐油，派部队掩护到边缘地区和敌占区采购。

这时，国民党军队在黄河南岸已部署了河防工事，经常隔河打枪打炮，并出动飞机频繁地进行轰炸扫射。为迷惑敌人，保证造船工作顺利开展，各造船厂一般都设有两个船坞，一明一暗。明的放上小船，用来疑惑敌人。濮阳县南小堤造船厂的假船坞，就曾引来敌人在河对岸布设一个团的兵力防守。船只的建造，也很快从开始的小船发展到大船。小船仅可运载四五十人，大船则可运载一个连的兵力或四五辆汽车。在地方党委、政府的大力支持下，各造船厂克服时间紧、任务重、造船材料缺乏、技术力量薄弱和资金紧缺等困难，仅用 3 个多月的时间就建造了 140 多艘船只，保证了大军渡河所需。

根据渡河作战的需要，黄河河防指挥部组建了 2000 多人的水兵队，分成大队和中队，并配置大船和小船。水手按地方部队待遇，均属参军人员，配发了武器。队伍整编后，立即学习刘邓野战军司令部颁发的《敌前渡河战术指导》，进行驾驶帆船的强化训练，开展站前动员和政治工作。

1947 年 6 月 30 日夜，根据确定的渡河计划，刘邓大军渡河行动正式开始。部队以台前县孙口将军渡为指挥中心，在东起东阿县、西至濮阳县 300 余里的黄河河段上，冒着敌人的枪林弹雨，实施强渡。12 万大军分别由高村、李桥、孙口、张堂等渡口渡河。为了防

刘邓大军夜渡黄河

止敌机轰炸，渡河一般在晚上进行，天亮即停。野战军主力渡河用了 2 个晚上，其他部队、民兵和各种物资渡河用了 17 个晚上，黄河司令部所辖 7 个大队共渡运军民约 30 万次和大批物资。刘邓大军强渡黄河，千里挺进大别山，揭开了人民解放战争进入战略进攻阶段的序幕，成为中国革命战争史上一个伟大的转折点。

渡河任务完成后，刘伯承、邓小平签发嘉奖令，表彰了黄河各渡口员工全力协助大军过河的功绩。嘉奖令指出："由于你们不顾敌人的炮火和蒋机的骚扰，不顾日夜的疲劳，积极协助我军渡过了大反攻的第一个大阻碍，完成了具有历史意义的渡河任务，使我军胜利地达到黄河南岸，以歼灭蒋伪军收复失地，解放同胞，这是你们为祖国的独立和人民的解放，立了大功。"刘邓大军司令部还犒劳每人 1 斤猪肉，一些纵队首长还赠送了一部分枪支弹药作为奖励。

刘伯承、邓小平嘉奖支援大军渡河有功人员

第四节　向开国大典献礼

1949 年新年伊始，毛主席发表《将革命进行到底》的新年献词，高瞻远瞩地阐述了当时的政治军事形势，充满激情地展望了新中国的美好前景。此时，确保黄河安全、保障解放战争顺利进行成为人民治黄的一项重大任务。

为做好迎战洪水的一切准备工作，1949 年 6 月 3 日，华北人民政府冀鲁豫黄河水利委员会在菏泽召开防汛会议。大会提出防汛工作的方针为："掌握重点，防守全线，强化护堤，建立灵通情报，做到及时修补、防护与抢救。"方针中的"重点"是指土质不好、未经过洪水考验的新堤，以及河床坡度陡、临背悬差大、堤线不规顺、串沟严重等堤段；"全线"是指全部堤线和险工。

会议在总结前两年防汛工作经验的同时，还制定了《1949 年防汛办法》和《防汛查水及堤防抢险办法》。《1949 年防汛办法》对防汛准备、组织领导、联系制度、责任制、防奸等方面做了具体的规定。要求专区、县建立防汛指挥部，区设指挥点，沿堤 7.5 千米以内划为防汛区，村庄距离远的可酌情划远一些。防汛区内的村庄要分别组织防汛队和抢险队，准备好工具。每个防汛屋或防汛庵设防汛员 1 人，每个指挥点 2 人。临时防汛员平时生产，水偎堤时上堤防守。《1949 年防汛办法》强调战胜洪水是沿河专区、县的责任，决了口不仅要负政治上的责任，还要负法律责任。《防汛查水及堤防抢险办法》规定了查水和抢险的方法，包括组织领导、必带的工具、行走路线、漏洞的抢堵等。

6 月 16 日，经华北人民政府与华东区、中原区商定，三大区联合治河机构黄河水利委员会在济南成立，标志着我党向黄河统一治理迈出了第一步。

三大区联合治河机构黄河水利委员会第一次委员会议。前排左起：王化云、赵明甫、彭笑千、江衍坤、钱正英；后排左起：周保琪、张慧僧、张方

　　华北人民政府、冀鲁豫行署、中原局及河南省人民政府分别发出关于防汛工作的通知、指示或紧急联合决定，号召沿河党政军民迅速动员起来，做好一切防汛准备工作。要求各级政府认真执行"掌握重点，防守全线"的方针，全力领导，保证完成防汛任务。

　　中共中央当年设立的平原省，管辖新乡、安阳、濮阳、菏泽、聊城5个地区，这是黄河下游整个"豆腐腰"河段，防汛任务繁重。平原省委为加强对黄河防汛的统一领导，决定建立省、地、县三级防汛指挥部，明确分工负责，保证大堤不溃决。同时，要求各地专署按照行政辖区，结合修防机关建立指挥部，并根据需要在地区指挥部下设分指挥部。规定县级指挥部以县长为指挥长，段长为副指挥长，县委书记为政委。

　　6月下旬，贯台险工在大溜的顶冲下，发生了两道坝相继下蛰入水的重大险情。黄河水利委员会会同地方政府，迅速成立抢险指挥部。在认真调研的基础上，指挥部制定了"重点修守龙口以上二道坝及五段护岸，并防护曹圪垱老滩"的抢险方案。为防万一，又组织开挖了圈堤的东南角，引水放淤，以固险工。7月初，黄河第一次洪峰到来后，因主溜外移，险情有所好转。

7月中旬，大河水落，贯台险工再次靠溜，一至三段护岸下蛰2～3米，接着溜势上提，再次顶冲二坝、三坝，二坝约有15米长下蛰入水。虽全力抢护，险情仍持续恶化。三坝秸埽上新加修的柳埽，因大溜顶冲、坝岸淘刷而下蛰入水。二坝、三坝间的堤坦，亦因回溜淘刷而迅速坍塌。边塌边抢，塌了再修，广大抢险员工同洪水展开了拉锯战。然而，因主溜顶冲严重，一昼夜间，二坝、三坝几经下蛰，坝身已所剩无几。二坝、三坝之间的埽和堤坦几乎塌尽，大堤亦塌去一半。其余坝埽大部分入水，形势十分严峻。

危急时刻，当地政府和黄河水利委员会从各地抽调干部，星夜赶赴工地投入抢险斗争。曲河、长垣、濮阳等地群众和民工昼夜赶运料物。长垣县（今长垣市）政府为确保料物供应，拆了县城城墙，将城砖送往工地。不少群

运送防汛石料的船队

众为支援抢险，忍痛将房箔秫秸甚至房上的砖石拆下来，也送往工地。5000多名民工艰苦努力，不到3天时间就在险工后完成了一道长1100米、高2米、顶宽5米的新防护堤。同时，还开挖了一条宽18米、深1米、长1800米的引河。经过10多个日夜的抢护，直到7月下旬，黄河第二次涨水，溜势外移，险工得以转危为安。

黄河入汛后，曾先后7次涨水。7月6日至8月29日，伏汛期产生洪峰4次。其中，以7月27日花园口水文站洪峰流量11700立方米每秒为最

大。进入秋汛，9月6日至10月7日，河水又3次猛涨，尤以9月14日花园口水文站洪峰流量12300立方米每秒为最大。这次洪水是泾河、北洛河、渭河和三门峡至花园口区间暴雨形成的。至10月中旬河水归槽，秋汛历时一个月。洪峰流量虽然不大，但洪量很大。从9月13日算起，5天洪量达43.1亿立方米，12天洪量达82.5亿立方米，45天洪量达到222亿立方米。洪水位表现高，范县以下比1937年陕县11500立方米每秒的洪水位普遍高1～1.5米。洪峰持续时间长，陕县10000立方米每秒以上洪峰流量持续了99小时。

沿河各级党委、政府对黄河抗洪斗争高度重视，根据水情发展相继做出决定或指示，进行全面部署，及时采取防御措施。7月，首次洪水到来之前，华北人民政府向各省、市、行署发出防汛指示，指出当年防汛任务是空前艰巨而严重的，要求沿河各级政府及人民紧急动员起来，充分准备，大力防守，为争取防汛胜利而奋斗。中共河南省委对河南新解放区的黄河防汛工作做出决定，指出："黄河防汛是河南沿河各地党政军民最紧迫的任务之一，决不能忽视。豫境河段因国民党长期统治，河道荒乱，堤线多沙，獾洞狐穴没有清除，险工连绵不断，没有经过洪水考验，群众未经发动，干部对防汛没有经验，这些都增加了第一年防汛的困难。沿河党政军民必须以最大力量，结合剿匪反霸，有计划地组织起来，防汛防奸，完成不决口的任务。"

黄河水利委员会向所属治河机构发出通知，指出："现大汛将届，根据华北先旱后涝的特点，战胜黄水，完成不溃决的任务，仍需经过艰苦的斗争。希望各区治河机关，提高警惕，加强防汛组织检查，并与本会密切联系，交流经验，以完成人民赋予我们的任务。"不少沿河县还结合防汛实际，制定出队伍的组织和培训、工具和料物的落实、巡堤查水及险情抢护等具体而又严格的规定。

8月10日，黄河水利委员会在濮阳坝头成立前方防汛指挥部。平原、河南、山东三省党政军民迅速行动起来，组成了40万军民的抗洪抢险大军，

夜以继日地战斗在堤防线上。一天多的时间抢修了300多千米的子埝和50多千米的风波护岸，完成土方100多万立方米。广大治河职工和群众在一起，为了保证完成不决口的任务，表现了高度的自我牺牲精神。山东济阳黄河工程队队员戴令德用身体堵住洞口，大声呼叫，防汛队员及时赶来，堵住了漏洞。齐东、章历一带过去堤身布满坑洞，当地干部带领群众下水一步一步踏着堤坡查看，发现问题，及时修补。东阿、齐河工程队队员顺着石坝爬到水里探摸根石。他们在风里雨里、泥里水里，日夜巡堤查水，有漏洞就抢堵，有渗水就加宽堤身，不够高马上抢修子埝，坝埽垮了重修起来，坚守着每一段坝埽、每一寸大堤。

戴令德舍身堵漏洞

1949年，黄河下游发生了回归故道之后的第一场大洪水，从7月6日起连续出现洪峰，9月14日花园口水文站洪峰流量达12300立方米每秒。由于黄河回归故道只有两年多，许多堤防还未经受过洪水的考验，有的堤段甚至处于低矮残破阶段，真可说是千里大堤险象环生。9月16日夜，山东济阳黄河工程队队员戴令德冒雨在沟阳险工查看险情，凌晨1时才披着油布往舒家村的临时住处走。当走到舒家村口的平工段时，听到背河有"哗哗"的流水声，警惕性极高的戴令德立即提着马灯循声找去，结果发现背河堤身有一个洞眼正冒浑水，他的第一反应就是有了漏洞。尽管戴令德当年只有19岁，但清楚地知道漏洞对黄河堤防安全意味着什么，他一边大喊"出漏洞了，快来人啊"，一边往临河堤跑去找漏洞。在临河堤找到一个漩涡后，他就跳入水中去摸，摸准就是漏洞，而且洞口已有碗口那么大。当时他手边除了马灯没有其他东西，他想到身上披着的油布，就解下来团成团儿塞了下去，但无济于事。他又脱下夹袄夹裤塞到洞口，还是不管用。眼看洞口越来越大，戴令德

一急，干脆躺了下去，用身体堵住了洞口，只露出一个头喘气。因怕身子下的洞口再扩大，戴令德双臂紧抱，全身用劲压挤洞口。就这样坚持了七八分钟，听到喊声的人们终于带着工具、料物赶了过来，把戴令德从水中拉出来，开始对漏洞进行紧急抢堵。数百人经过3个小时的奋战，终于把这处漏洞彻底堵死。戴令德舍身堵漏洞的壮举传开后，在大河上下引起了轰动。当年汛后，山东省黄河防汛总指挥部授予戴令德"特等功臣"的光荣称号，这也是迄今为止治理黄河部门授予的唯一一位特等功臣。

沿河地、县的广大干部群众也迅速行动起来，组成一支支运输大军，像当年支援解放军打仗那样，用小车推、大车拉把秸柳料、石料、砖、木桩、麻袋等防汛抢险物资源源不断地运送到防汛抢险第一线，保证了抢险的需要。

伏汛期间，鄄城、郓城、昆山三县有40多千米堤段迫岸盈堤，因遭受风浪袭击，塌坡严重，个别堤段的堤身塌去近2/3，有的塌至堤顶，险情危急。三县党政领导带领群众，昼夜抢运秸柳料10多万公斤、木桩4000多根，及时采取打桩挂柳和草把护坡等办法，抢修防浪护坡，保住了堤防。

沿黄群众参与1949年黄河抗洪抢险

这年汛期，险工险情相当严重。东明高村、鄄城苏泗庄、惠民谷家、蒲台麻湾、利津王

抢险队员齐心协力推柳石枕抢险

黄河下游军民抗洪抢险的同时，北京 30 万军民在天安门广场参加开国大典

庄等多处出险，全河吃紧。苏泗庄有5道石坝、4段秸埽着溜下蛰，险情危急，经调集开封、陈兰、濮阳等修防段工程队支援抢险，后方群众运来秸柳料80多万公斤，紧张抢护半个多月，抢修9段新埽，方脱离险情。

这一年的洪水特别异常，从7月到10月，洪峰持续不断。秋汛洪水到来后，因洪量大、水位高，大水偎堤时间长达40余天。漏洞、管涌、塌坡等险情频频发生，形成了"防汛抢险互为更迭，终汛期不得喘息"的局面。平原省堤段产生漏洞险情200多处，山东省堤段出现漏洞580余处，管涌、塌坡等险情2400多处。险工坝埽先后出现下蛰、坝身塌陷等险情2290多处。下游堤防产生漏洞之多、险情之重，在历史上也是少见的。在40多个昼夜的抢险堵漏中，广大干部群众和治河员工战胜洪水的热情始终高涨。许多干部和群众尽管家里被淹，仍然坚守在大堤上，表现出高度的责任感和自我牺牲精神。

1949年洪水，是黄河归故后首次大洪水。沿河军民经过3个多月的艰苦奋战，终于战胜了这次洪水。

王化云后来总结说："当我们进行紧张防汛斗争的时候，正是中华人民共和国成立的日子。这次防汛斗争的胜利，是广大治黄职工和沿河人民，向新中国献上的第一份礼物。"

第四章

除害兴利 综合治理

中华人民共和国成立伊始，百废待兴，黄河的治理开发被提上国家的重要议事日程。随着蓬勃兴起的社会主义建设新高潮，黄河水利委员会研究提出"除害兴利"治理黄河思想。这一时期采取的宽河固堤措施，为防御黄河洪水奠定了基础，经过多年建设，黄河水利水电资源得到大规模开发利用，初步形成"上拦下排，两岸分滞"的下游防洪体系。这些在实践中取得的丰富经验，对人民治黄事业的发展产生了重要影响。

第一节 毛泽东视察黄河

水利事业，历来是安民兴邦的大事，水利兴，百业盛。黄河的安危事关大局，对国家政治稳定、经济建设等都有影响，"黄河宁，天下平"，不仅是一种美好的祝愿，更是一种对史实的概括。

作为人民利益的忠实代表者，中国共产党把黄河治理开发看作国家经济建设的大事、要事。中华人民共和国成立后，党和国家决定从根本上治理黄河，使之造福于人民。治黄工作进入了新的发展时期。

1952年，毛泽东主席在中华人民共和国成立后第一次出京视察时就来到黄河边。这年10月26日，毛主席在中共中央办公厅主任杨尚昆、公安部部长罗瑞卿、铁道部部长滕代远、第一机械工业部部长黄敬、民主人士李烛尘、中央警卫局的叶子龙和汪东兴等的陪同下，来到山东济南。10月27日，毛主席到黄河泺口视察了这里的黄河重要防守堤段。之后，毛主席抵达徐州，登上云龙山，眺望黄河明清故道。

10月29日，毛主席到达河南省兰封县（今兰考）。30日上午，毛主席在黄河水利委员会主任王化云、副主任赵明甫等的陪同下，来到位于兰封县城北的著名黄河险工——东坝头。

在黄河岸边，毛主席认真察看了近年新修的几座险工石坝，问道："像这样的大堤和石坝一共修了多少？"王化云回答说："目前黄河下游共修大堤1800多千米，修石坝近5000道。"毛主席又问："黄河6年没有决口泛滥，今后继续把大堤和坝埽修好，黄河会不会决口？"王化云答道："近几年没有遇到异常洪水，如遇大洪水，还有相当大的危险。"回答中，王化云向毛主席说起了1843年黄河发生特大洪水后，陕县流传的一首民谣：道光二十三，黄河涨上天，冲走太阳渡，捎带万锦滩。这时，毛主席又问道："黄

东坝头毛主席视察黄河纪念亭

河涨上天怎么办？"王化云说："不修大水库，光靠这些坝埽挡不住。"听了汇报，毛主席站在东坝头险工大坝上，瞭望波涛滚滚的黄河，沉思良久。

10月30日下午，毛主席又来到开封北郊的柳园口黄河大堤。站在堤顶上，毛主席遥望大堤内黄河水向东奔流而去，而大堤之外，村庄和树木却如同在凹坑里一般，内外高差非常明显。毛主席问："这里的河面比开封城高不高？"王化云回答说："这里的黄河水面比开封地面高三四米，洪水时更高。"听到这里，毛主席望着远处影影绰绰的开封城，深有感慨地说："这就是'悬河'啊！"

走下黄河大堤，毛主席在河滩上抓了一把泥沙，细细地看过之后问："这些泥沙是从什么地方来的？有多少？"王化云回答说："都是从西北黄土高原冲下来的。据陕县水文站测验，每年平均有十几亿吨泥沙送到下游。大量泥沙在下游河道淤积，是黄河不断改道泛滥的一个原因。"

视察完"悬河"，31日早晨毛主席从开封来到郑州。登上邙山，在山顶上，他许久地眺望着滚滚东去的黄河，凝视着不远处的黄河铁路大桥。

乘车到达人民胜利渠渠首闸，毛主席详细询问了工程的建设情况和灌溉效果，并亲自摇动启闭机摇把。看到黄河水通过闸门欢快地流入干渠，毛主席称赞说："水利是农业的命脉。这个闸修得好，人民胜利渠这个名字取得好！"接着关切地问："水里这么多泥沙怎么办？浇黄河水好不好？"闸管

黄河泥沙多

所人员回答说："离这里不远有沉沙池，经过沉淀后再把水送入农田。今年浇过的庄稼，都获得了丰收。"毛主席听了满意地说："一个县有一个就好了。"他还风趣地说："渠道灌溉是阵地战，水井浇地是游击战，渠井灌溉要结合起来。"

考察期间，毛主席还详细询问了有关南水北调工程、从长江向黄河调水等有关问题。事后，王化云写下了《毛主席视察黄河记》一文，全面记述了毛主席这次黄河之行。

1953 年、1954 年、1955 年，毛主席在外出巡视途经河南期间，又先后听取了开展中游水土保持、修建三门峡水库等问题的汇报。

毛主席视察黄河，是黄河治理开发中的一件大事。他在 1952 年 10 月 31 日由开封去往郑州前，向王化云和河南省党政负责同志说："你们要把黄河的事情办好。"这既是党的领袖对人民满怀深情的嘱托，也是代表国家对治理黄河发出的伟大号召。长期以来，它已成为支撑千千万万黄河人砥砺前进的巨大精神力量，鼓舞着人们为实现黄河长治久安而不息奋斗。

第二节　宽河固堤　防御洪水

中华人民共和国成立初期，为了确保黄河防洪安全，黄河水利委员会针对黄河上宽下窄的河道形态，结合当时堤身薄弱、隐患众多的防洪工程状况，提出了"宽河固堤"的治河方针，采取了一系列宽河道的政策和巩固堤防的措施，主要包括培修加固堤防、石化险工、废除民埝、开辟分滞洪区、建立堤防管理与守护体系等，把防御历史性大洪水作为黄河治理的第一要务。

培修加固堤防

黄河下游两岸大堤，自古以来就是抵御黄河洪水重要的屏障。保证防洪安全需要强固的堤防，这就要求堤防有合理的布局和设防标准。黄河下游堤防布局总体上呈上宽下窄的格局，两岸大堤之间较为宽阔，例如河南段一般有 5 ~ 10 千米，最宽处达 20 千米以上。这种宽河格局是和黄河特点相适应的：黄河泥沙多，下游淤积严重，宽河可以容纳更多的泥沙，延长河道的行洪年限；黄河供水一般峰高量小，历时不长，宽阔的河道可以有效削减洪峰流量，减轻黄河下游的压力。因此，维持宽河格局，在原有的堤防基础上进行加培加固是必要的。

黄河堤防修建历史

从战国到西汉，随着铁器的普及运用，黄河修堤技术也得到了发展，春秋时期齐桓公"会诸侯于葵丘"提出"无曲堤"的禁令，标志着黄河下游堤防已具备了一定规模。东汉王景治河"筑堤自荥阳东至千乘海口千余里"，堤防修筑得到系统化治理。到了宋代，黄河决口频繁，堤防建设的重点由大规模兴建转向加固修守，修堤、埽工和堵口技术也趋向成熟。明清两代黄河水患频发，沿黄各县、郡设有专门河工负责修筑河堤，明代潘季驯、清代靳辅等官员均对河道、堤防工程进行过系统治理，但由于水土流失、泥沙淤积等问题没有得到根本解决，耗资巨大的河道治理工程成效甚微。

中华人民共和国成立之前的黄河堤防工程低矮残破，隐患众多，抗洪能力极其薄弱。从 1950 年起，沿河地区按照"宽河固堤"的方针，以防御比 1949 年更大洪水的目标，开展了历时 8 年的第一次大修堤。作为防御洪水的屏障，两岸大堤既要防止大洪水时的漫决，又要防止中常洪水情况下的溃决，因此堤防的整修，必须既加高又加固。堤防加高的标准，决定于黄河洪水的

第一次大修堤，群众抬土上堤

防御标准。这一时期，随着人们对黄河洪水认识的逐步清晰，防洪标准以及堤防工程加高的标准也有相应的变化和调整。

　　黄河第一次大修堤得到了沿黄各地的大力支持。各县抽调大批干部，深入乡村宣传发动，按照治河与生产结合、合理出工的原则，组成包工队，以工代赈，安排食宿；同时，积极组织施工人员认真学习有关政策和工程标准。沿黄人民在中华人民共和国成立前饱受洪水泛滥之苦，如今党和政府领导人民修堤治河，保卫家园，而且各方面安排得都很周到，因此劳动热情高涨。"时间跑得快呀，赛过一条龙呀！咱们超过它呀，按期来完成呀！脚踏实地干呀，按期来完成呀！"伴随着此起彼伏的黄河号子，沿黄几十万人投入到轰轰烈烈的复堤施工中。各地开展劳动竞赛，涌现出一大批修堤模范。

木制独轮车为黄河下游第一次大修堤的主要运土工具

　　作为黄河主管部门，黄河水利委员会在地方施工中主要抓了两个方面：一是狠抓工程质量，二是推行农民工资制度改革。各级治河机构积极做好技术服务，严格执行工程标准，各区、县施工指挥部则定期进行检查，及时进行表扬或批评。对于修堤工资制度的改革，主要是改"征工包做"为"包工包做，按方给资，多做多得"。工资制度的改革和劳动竞赛的开展，有力推动了施工工具的改进，从抬筐、挑篮、独轮手推车发展到胶轮车、马车、排子车，施工效率不断提高。

石化险工

　　这一时期，加固堤防的另一项重要措施——石化险工也在同时进行。

石化险工，首先需要大量的石料。为此，平原、河南、山东河务局都分别建立了石料场，组织采运机构，并发动沿黄人民群众，以村为单位，编成石工队，开展了大规模的开采石料运动；每年还组织 2000 多只大小木船和上万辆车，源源不断地把石料送到各个险工。截至 1954 年，共动用石料234 万立方米，新建或改建坝埽 4866 道，初步固定了险工。

修建险工石坝

1950—1957 年黄河第一次大修堤期间，沿黄人民群众完成土石方 14090万立方米。堤防加固了，河道拓宽了，原来千疮百孔的下游堤防焕然一新，防洪形势得到初步改变。

废除民埝

在堤防加固的同时，为保持宽河道的滞洪削峰作用，并充分发挥淤滩刷槽作用，黄河水利委员会实施了"废除民埝"的政策。黄河民埝是河道内滩区群众为保护生产生活而自发修筑的一种圩堤，后来人们也称之为生产堤。这些民埝阻挡之处，一般的洪水无法进滩落淤，造成滩面日益低洼，同时民埝的修建使河道变得更窄，洪水排泄也受到障碍。一旦出现较大洪水，民埝溃决，洪水便会直冲大堤，极其危险。

由于修建民埝由来已久，滩区几十万居民祖辈生活在这里，饱受洪水困扰，生活很是困苦。一旦废除民埝，洪水一来，往往土地被淹，房屋倒塌，所以即刻废除显得困难重重。根据这种情况在滩区实施了"逐步废除"的政策，先将危害大的民埝废除，其余的陆续废除。

针对群众的顾虑，各级政府和修防部门耐心地做了大量的思想工作，讲清民埝对黄河防洪安全的危害。同时，针对群众生产生活中的实际困难，各级政府做出相应安排，比如制定应急转移方案，在沿河各村成立安置委员会，充实粮油煤供应等。

经过艰苦细致的思想工作，群众的思想慢慢发生了转变。连续几年的废除工作，加上中华人民共和国成立初期接连发生的洪水，使民埝基本被全部废除或冲毁。

开辟分滞洪区

在废除民埝、扩大河道排洪能力的同时，1951年，黄河水利委员会决定开辟沁黄、北金堤、东平湖等分滞洪区，作为防御异常洪水的临时处理措施。

沁黄滞洪区位于黄河沁河交汇地带，是由黄河北堤和沁河南堤构成的封闭区域。在拟定分洪水位103.2米（大沽高程）时，淹没142.6平方米，容积5.18亿立方米。长垣附近的北金堤滞洪区位于北金堤和黄河大堤之间，面积2900多平方千米，滞洪量20亿立方米。当发生异常洪水时，可在长垣石头庄分洪，并在石头庄修筑1500米溢洪堰对分洪加以控制。

石头庄溢洪堰工程

　　20世纪50年代初期的中国，各方面条件都比较简陋，施工设备稀缺，许多工作需要人力完成。石头庄溢洪堰工程时间紧、任务重，为此平原省成立了施工指挥部，调集数万名干部、民工、技工等参加施工，黄河水利委员会抽调大批技术干部现场指导。为了满足工程运送石料的需要，从兰封火车站至东坝头的兰坝铁路专用线建成，全长15.9千米，后来又调集几十辆汽车将石料不停地从黄河边运往工地。

　　施工中，广大建设者开展了热烈的劳动竞赛，白天不惧烈日骄阳，夜晚与星星月亮为伴，推大车，抬大筐，勤奋钻研，改进技术，运料、砌石不断刷新纪录，掀起了一个又一个保卫黄河的建设高潮。在各方面的共同努力下，从1951年5月上旬组建施工指挥部开始，到8月20日工程就全部竣工。

　　不久，黄河南岸的东平湖分洪工程也被提到议事日程。分滞洪工程措施的推出，为防御大洪水增添了一种新的手段，增加了黄河防洪的主动性，后来经过逐步完善，成为"上拦下排，两岸分滞"黄河下游防洪工程体系的重要组成部分。

消除堤身隐患，建立堤防管理与守护体系

　　这一时期，遵循"修防并重"的方针，黄河堤防的隐患处理、经常性守护与管理成为黄河治理的又一项重要措施。

千里之堤，溃于蚁穴

　　大堤漏洞险情抢护不易，危害严重，历史上人们对此就有清醒的认识。民谚云：千里之堤，溃于蚁穴。早在战国时期魏国人白圭修堤，就注意到大堤上的蚁洞，"塞其穴"，防止"千丈之堤，以蝼蚁之穴溃"。明代，人们高度重视堤防的修守，要求在汛期大水时，无论风、雨、昼、夜，都要加意防守，确保险情能够早发现、早抢护。到了清代，人们重视处理堤身隐患，在总结前人经验的基础上，研究发明了抢险堵漏外堵、内堵的方法，强调漏洞堵塞要迅速，人力、料物凑手方能一气呵成，化险为夷。

　　人民治黄初期，下游堤防是在经历了战争破坏的旧堤基础上修筑的，军沟、洞穴无处不在，对老堤堤身内部的洞穴、裂缝等没有来得及全面清理，加之历次堵口所用的秸秆、芦苇等软料年久腐烂且深埋堤下，对大堤安全形成了极大威胁。1949年黄河大水，一周之间全河出现漏洞400多处，造成十分危险的局面。

　　从1950年起，全河发动沿黄群众寻找獾洞狐穴、水沟浪窝等堤身隐患并加以消除，特别是借助平原省河务局封丘修防段工人靳钊发明的钢锥探摸堤身隐患技术，大大提高了堤身隐患探摸的效率和准确度。到1954年，全河共计锥探5800万眼，发现挖填隐患8万处，对巩固堤防工程发挥了重要作用。

　　1954年8月，秦厂水文站洪峰流量15000立方米每秒，水位97.65米，就8000立方米每秒以上的洪水来说，无论洪峰、水位、洪水总量和高水位持续时间，都超过了1949年，但与1949年相比，全河仅出现1处漏洞。实践证明，黄河大堤内部的隐患已大为减少。

黄河大堤上人工锥探的场景

植树种草、保护堤防的措施，这一时期也得到了较快发展。河务部门采取国家和群众合营、收入分成的办法，在沿黄乡村建立起群众性护堤组织，实行专业管理与群众管理相结合，在人民群众广泛参与下，实现了黄河大堤的经常性守护与管理。1954 年黄河两岸的堤防，已基本实现了既定的植树种草、绿化大堤的目标。

在"宽河固堤"方针指导下，通过加高培修堤防、石化险工、废除民埝、开辟滞洪区、消除堤身隐患等一系列措施的实行，黄河下游的河道行洪能力、千里堤防的抗洪能力都有了显著增强，为战胜洪水奠定了可靠的物质基础。

第三节　黄河下游引黄灌溉的兴起

高高隆起的"地上悬河"虽然对黄河防洪不利，但在兴利上，却如同一条输水总干渠，为两岸地区发展自流灌溉提供了得天独厚的条件。

早在中华人民共和国成立前夕的 1949 年 8 月，黄河水利委员会主任王化云、副主任赵明甫在联名呈报华北人民政府主席董必武的《治理黄河初步意见》中，就提出建议举办引黄灌溉济卫工程。据当时估算，全部工程费用折合约需小麦 1500 多万公斤，建成之后，仅灌溉农田的增产部分，两年即可抵偿工程费用。对此，董必武在复电中明确指出：卫河临清至天津段为通县至杭州大运河的一部分，其运输价值极为重要，兴建引黄济卫工程，使这段内河全部通航很有必要。且沿卫河各地均系产棉区，常年干旱，急需引水灌溉，因此修建引黄灌溉济卫工程是需要的。

但是，确定修建这项工程并非一帆风顺。1950 年黄河水利委员会召开的治理黄河工作会议上就出现了各种意见。反对者认为，当前治黄应将工程经费主要用于下游修防，并且担心悬河引水风险大、泥沙淤积渠道的问题难解决。支持者认为，让黄河兴利是建设新中国的需要，引黄灌溉济卫工程具有较好的前期工作基础，应该尽快兴建。

在黄河下游大堤上建闸开口，让黄河变害为利，为两岸人民造福，这是一项创举。虽然还没有成熟经验，但是经过科学论证，严谨从事，是可行的。经过反复研究讨论，水利部批准了兴建引黄灌溉济卫工程的计划。为此，黄河水利委员会组建了强有力的阵容，迅速展开了灌区社会经济调查、科学试验、规划设计、编制施工计划等技术工作。1950 年 10 月，中华人民共和国政务院批准了《引黄灌溉济卫工程计划书》。

1951 年 3 月，引黄灌溉济卫工程全面开工。为了确保工程顺利完成，黄河水利委员会成立了专门的引黄工程指挥部，下设5个施工所、3个转运站、2个土木工程指挥部。奉调参加施工的500余名干部、1万多名工人热情高涨，掀起了如火如荼的"红旗运动"。工地与工地、班组与班组发起了劳动竞赛。闸门修建、渠道开挖、水泥拌浆、土方施工等项目工效普遍提高，工程进度大大加快。

人民胜利渠引黄闸开工建设

1952年4月12日，引黄灌溉济卫一期工程竣工。在放水典礼上，附近的人们聚集在渠道边、闸桥上，翘首以待那激动人心的一刻。当引黄闸门徐徐提起，黄河水欢快地从闸门涌出时，总干渠两旁的群众一片欢腾。他们注视着流往田间渠道的黄河水，高兴地说："我们

人民胜利渠建成通水

再也不怕棉花开花不结桃、麦子出穗不结粒了！"受这一刻现场群众热烈情绪的感染，平原省人民政府领导同志提议把这一工程改名为"人民胜利渠"。

1952年12月，引黄灌溉济卫二期工程完成。

1953年8月，人民胜利渠全面竣工，共修建各类建筑物1499座、渠道6410千米。这是当时华北地区最大的引黄灌溉工程，设计灌溉面积覆盖京广

铁路两侧获嘉、武陟、新乡、汲县、延津、原阳等 6 县 70 余万亩农田，工程建成当年就发挥了 28 余万亩农田的灌溉效益。

引黄灌溉以前，豫北地区由于频受洪、涝、旱、渍、盐碱及风沙等自然灾害的影响，加上普遍存在的大面积盐碱、沙荒及沼泽地，灌区农业生产条件极其恶劣。例如在紧邻黄河大堤的詹店镇，大堤南的黄河滩地由于缺水严重，被群众形容为"气死龙王地"。在黄河背河洼地，因地下水水位高，排水条件差，冬春季节，表土积盐，白茫茫一片；夏秋季节，积涝难排，一片汪洋。沿黄群众将其形象地总结为："冬春白茫茫，夏秋水汪汪，种一葫芦子，能打一瓢粮。"

人民胜利渠利用完善的灌溉和排水工程体系，充分利用黄河水、沙资源，对灌区的洼碱荒地和低产田进行了卓有成效的改良，使开灌前寸草不生的碱荒地、风沙漫天的沙荒地以及芦苇、杂草丛生的沼泽地逐步变为麦棉轮作或稻麦双收的高产稳产田，极大地改变了灌区的自然环境和农业生产条件，灌区农村发生了翻天覆地的变化。经过引黄灌溉，昔日的沙荒盐碱不毛之地，变成了沃野良田。

人民胜利渠的兴建得到了国内外人士的高度关注。很多国家的元首、政府首脑以及联合国官员、水利专家、外交使团等先后来到人民胜利渠参观、考察。联合国粮农组织项目经理阿伦·坎迪亚在考察人民胜利渠时曾称赞："这是一个伟大的工程，它将造福于中国人民。"国际灌排委员会主席巴特·舒尔茨在为人民胜利渠灌区题词时写道："能在这样多泥沙的条件下灌溉，确实是个奇迹。"

人民胜利渠的诞生，结束了"黄河百害，唯富一套"的历史，其在引黄灌溉、盐碱地治理、"井渠结合"灌溉以及灌溉实验等方面取得的巨大成就和成功经验，在国内外产生了深远的影响，成为黄河下游引黄灌溉的一面旗帜。

此后，经过几十年的建设，黄河下游沿河 20 多个地（市）、100 多个县都建起了引黄工程，引黄灌区得到了大规模发展。黄河两岸地区已经发展成为我国重要的商品粮生产基地。

人民胜利渠渠首及总干渠鸟瞰图

人民胜利渠三次大规模引黄济津

1972年11月11日，为解决天津市的水源危机，国务院决定从河南省人民胜利渠引黄济津。从11月20日起共放水1.37亿立方米，至1973年2月15日，天津市九宣闸实收黄河水1.03亿立方米。

1973年5月13日，天津用水又处于严重紧张状态，中央决定再次引黄济津。河南省人民胜利渠以40立方米每秒的流量向天津送水，到6月28日共放水1.6亿立方米，天津市九宣闸实收水1.08亿立方米，缓解了人民生活和工业用水的紧张局面。

1975年9月，水电部在京召开有关省市水利负责人会议，确定密云水库只供水给北京，通过河南省人民胜利渠引黄济津。1975年10月18日至1976年2月15日，天津市九宣闸实收水4.37亿立方米。

第四节 中国第一部江河治理综合规划

为了探索新的治河道路，实现"变害河为利河"的治黄总目标，20 世纪 50 年代初期，黄河水利委员会会同有关单位对黄河干、支流进行了多次大规模查勘。根据"除害兴利""蓄水拦沙"的黄河治理设想，黄河水利委员会开展了地质钻探、地形测量、流域查勘、水土保持科学试验与推广，同时建立流域水文站网，加强水文测验，开展泥沙初步研究等工作。

在此基础上，1952 年黄河水利委员会拟定了一个黄河十年开发轮廓规划，计划从 1953 年开始，在黄河干流上修建大型水库，试图以大库容拦沙的办法满足除害兴利、综合开发的要求，并积极向水利部汇报，建议早日确定黄河的治理方略。鉴于当时国内缺乏设计大型水利水电工程的经验，黄河水利委员会提出可请苏联专家帮助我国制定黄河规划并对三门峡水库进行设计。这时，燃料工业部也提出聘请苏联专家组来中国帮助制定黄河规划的建议，中央接受了这个建议，将黄河综合规划列入苏联政府援助我国建设的 156 个重大项目中。

为了做好苏联专家组来华前的各项准备工作，1953 年 6 月，国家计划委员会召集燃料工业部、水利部、地质部、农业部、林业部、铁道部、中国科学院等单位，具体商讨编制黄河规划的有关工作。

1953 年 7 月，以水利部和燃料工业部为主的黄河资料研究组成立，为编制黄河综合规划收集资料。

1954 年 2 月，国家计划委员会决定组织开展一次黄河现场大查勘，以对预定的规划内容和工程目标统一认识。包括中苏专家在内的 120 余人组成的查勘团从下游开始，沿河考察了重要险工、水文控制站和黄河入海口。查勘团在济南、开封、郑州听取了当地政府负责人的汇报，对黄河历史上频繁

1954 年 2 月，黄河查勘团在下游查勘

决口改道造成的灾害，以及广大人民群众对根治黄河水害、开发黄河水利的迫切愿望，有了更加深切的体会。之后查勘团溯流而上继续考察。整个查勘历时 3 个多月，行程 12000 多千米，查勘了 29 个干、支流坝址和 8 个灌区、4 个水土流失类型区，考察了下游 1400 多千米的堤防工程，为编制黄河规划奠定了基础。

根据规划工作的需要，1954 年 4 月，黄河规划委员会成立，集中技术干部 170 余人，在苏联专家的指导下进行黄河规划的编制工作。1954 年 10 月，《黄河综合利用规划技术经济报告》基本编制完成，从综合解决防洪、发电、水土保持、防沙、灌溉等方面进行了全面论述。

1955 年 5 月 7 日，主持中央日常工作的刘少奇同志召集中共中央政治局会议，讨论《黄河综合利用规划技术经济报告》。会上听取了水利部关于《黄河综合利用规划技术经济报告》的汇报，研究决定将报告提交第一届全国人民代表大会第二次会议审议；责成水利部党组起草提交全国人民代表大会关于黄河综合利用规划的报告，交中央审阅。7 月中旬，国务院全体会议举行第十五次会议，讨论通过了《关于根治黄河水害和开发黄河水利的综合规划的报告》，并决定由邓子恢副总理代表国务院在第一届全国人民代表大会第二次全体会议上做报告，提交大会审议。1955 年 7 月 5 日大会开幕，黄河综合规划被作为一个专门议题，提交大会审议。

1955 年 7 月 18 日，国务院副总理邓子恢在大会上做了《关于根治黄河水害和开发黄河水利的综合规划的报告》。报告回顾了历史上黄河决口泛滥、改道给人民生命财产造成的惨重损失，通过对比分析，介绍了人民治黄以来取得的伟大成就。同时指出：由于黄河泥沙淤积得很快，单靠河堤加高加固是不能解决问题的，而且从某种意义上来说，河道内的泥沙因为不能向河堤两侧排泄，淤积速度会更快，成为一个恶性循环。在这种情况下，泛滥、决口、改道的危险依然存在。除严重的洪水灾害外，中游地区水土流失的危害和整个流域的旱灾也是十分严重的。

关于黄河治理开发的任务，报告提出：不但要从根本上治理黄河的水害，而且要同时制止黄河流域的水土流失和消除黄河流域的旱灾；不但要消除黄河的水旱灾害，尤其要充分利用黄河的水利资源来进行灌溉、发电和通航，来促进农业、工业和运输业的发展。

关于治理黄河拟采取的方针和方法，报告指出：历代治河方略，归纳起来就是把水和泥沙送走。几千年来的实践证明，水和泥沙是"送"不完的，是不能根本解决黄河问题的。因此，我们对黄河所应当采取的方针，是要对水和泥沙加以控制，加以利用。从高原到山沟，从支流到干流，节节蓄水，分段拦泥，尽一切可能把河水用在工业、农业和运输业上，把黄土和雨水留在农田上，这就是控制黄河的水和泥沙，根治黄河水害，开发黄河水利的基本方法。

报告确定将三门峡水利枢纽、刘家峡水利枢纽作为黄河综合利用规划的第一期工程开工项目。其中三门峡工程是黄河干流上一座最重要的防洪、发电、灌溉的综合性工程，对于防御黄河下游洪水具有关键性的作用。

邓子恢在报告最后指出：国务院根据中共中央和毛泽东同志的建议，请求全国人民代表大会采纳黄河规划的原则和基本内容，并通过决议要求政府各有关部门和全国人民，特别是黄河流域的人民，一致努力，保证它的第一期工程按计划实现。

报告结束后，全体人大代表深深为黄河的美好远景而激动不已，为黄河治理开发第一期工程即将展开而备受鼓舞。许多代表称这个报告有翻江倒海的气势和魄力，是一个激动人心的报告。

7月30日，大会通过决议，批准国务院提出的黄河综合规划的原则和基本内容，并要求国务院采取措施，迅速成立三门峡水库建设机构。

1955 年 7 月 30 日，全国人大代表举手通过黄河流域综合规划

治理和开发黄河的伟大事业

　　1955 年 7 月 20 日，《人民日报》发表社论《一个战胜自然的伟大计划》，指出：实现治理黄河的第一期计划，不仅是黄河流域人民的任务，而且是全国人民的任务。号召全国人民对伟大的根治和开发黄河的工程，寄予更大的关心和给予更有力的支援。

　　这次全国人民代表大会审议通过的黄河治理开发规划，是中国历史上第一部全面、系统、完整的黄河综合规划，也是迄今为止中国唯一一部经国家最高权力机构审议通过的大江大河流域规划。它的实施，标志着人民治理黄河事业将从此进入一个全面治理、综合开发的历史新阶段。

第五节　战胜 1958 年大洪水

1958 年 7 月中旬，黄河三门峡至花园口之间，发生了自 1919 年黄河有实测水文资料以来最大的一场洪水。7 月 17 日 24 时，黄河花园口水文站洪水位达到 94.42 米，推算流量 22300 立方米每秒，这是人民治理黄河以来黄河下游发生的最大的一场洪水。

这一年入汛以来，黄河流域各地连续降雨。7 月上旬，山西、陕西黄河干流区间，渭河中下游等地区降雨量都在 50 毫米以上。从 7 月 14 日开始，在上述区间降雨强度明显增大的同时，三门峡到花园口干支流区间又连降暴雨，暴雨区面积达 8.6 万平方千米。16 日夜，雨情、水情发生重大变化。三门峡到花园口干流区间和伊洛、沁河普降大暴雨，降雨强度普遍超过 100 毫米。

此前，黄河水利委员会水文处已根据降雨情况推算出，花园口水文站洪峰流量有可能超过 20000 立方米每秒。对黄河下游防汛来说，20000 立方米每秒的洪峰流量是一个关键指标。发生了这样的大洪水，应当采取什么防洪措施，才能以最小的损失战胜洪水，这是一次对黄河防洪工作最严峻的考验。

虽然按确定的防洪预案选择向北金堤滞洪区分洪运用顺理成章，但是滞洪区内将为此遭受重大的损失。然而如果不分洪，虽然避免了分洪损失，却要承受巨大的防洪风险，一旦黄河大堤决口失事，将造成不可估量的巨大损失。

两难抉择

按照预定的防洪方案，当秦厂站（位于京广铁路线黄河北岸武陟县秦厂村）发生 20000 立方米每秒洪水时，即开放石头庄溢洪堰或其他分洪口门，向北金堤滞洪区分洪，以控制孙口水位不超过

48.79 米，相应流量 12000 立方米每秒。当时北金堤滞洪区内有 100 多万人，200 多万亩耕地，运用一次财产损失达 4 亿元，并且滞洪区内众多的群众很难完全迁出。如不滞洪，大堤一旦失事，则将形成深重的灾难。如何决策，必须十分慎重。

　　在此严峻情势下，17 日凌晨，黄河水利委员会主任王化云主持召开黄河防汛紧急会议，经过认真分析认为，这场洪水形势的确十分严峻，但是也应看到，近年来黄河下游堤防经过培修加固，抗洪能力明显提高，沿河干部群众和防汛队伍通过防洪实战锻炼，防洪技术素质显著增强，如果后续洪水不大，全力以赴加强防守，战胜这场洪水是可能的。

　　水情工作人员怀着紧张的心情严密监视着雨情、水情的变化，王化云同有关人员反复研究可能出现的情况和问题，考虑到底是分洪还是不分洪。

　　17 日 9 时，八里胡同水文站洪峰流量急升至 8700 立方米每秒。13 时，三门峡到花园口区间的伊洛河黑石关水文站出现洪峰流量 9450 立方米每秒。与此同时，此区间北岸支流沁河也已开始涨水。根据干、支流并涨的洪水情况，预报出 18 日 2 时花园口水文站将出现 22000 立方米每秒的洪峰，相应水位 94.40 米。按此推演，洪峰到达下游高村时，流量仍达 18500 立方米每秒，相应水位 63.30 米。这些都远远超过了当时防洪预案的保证水位。

　　黄河防汛总指挥部当即向中央防汛总指挥部报告了目前黄河防洪的紧急形势，并再次向河南、山东两省发出通知，要求沿河各地全党全民动员，加强堤线防守，准备防大汛、抗大洪。

　　接到黄河防汛总指挥部的报告，7 月 17 日，中央防汛总指挥部立即发出指示，要求黄河防汛总指挥部及各级防汛指挥部"必须密切注意雨情、水情的发展。以最高的警惕，最大的决心，坚决保卫人民的生产成果，坚决制止洪涝的为患"。与此同时，中央防汛总指挥部将黄河防洪的形势与部署紧急报告了国务院。

然而，分洪还是不分洪，此时仍是一个悬而未决的重大问题。它的最终决策，在很大程度上将取决于后续雨情发展和洪水推进的情况。17日深夜12时，花园口水文站洪水位达到94.42米，已经超过了预报水位，推算流量22300立方米每秒。洪水是否还会继续上涨？密切关注黄河水情一举一动的黄河防汛总指挥部办公室焦急地等待着水文站最新的测验报告。

18日凌晨5时，花园口水文站传来了水位开始趋于回落的消息，并报告说伊河、洛河、沁河和三门峡以下干流区间雨势也在减弱。这说明，此次洪峰虽然很高，来势凶猛，但后续水量已经不大，依靠现有的堤防工程和党政军民齐心协力加强防守，不分洪而战胜洪水是可能的。

根据认真综合分析，王化云决定提出"不分洪，加强防守，战胜洪水"的建议方案，在征求河南、山东两省省委的意见之后，于7月18日，以黄河防汛总指挥部的名义，向国务院、中央防汛总指挥部、水利电力部以及河南、山东两省发出了紧急报告。

国务院接到报告，当即向正在上海开会的周恩来总理做了汇报。周总理立即中止会议，于18日下午乘专机飞临黄河。在听取了王化云关于当前黄河水情、防守部署和不分洪建议的汇报后，周总理详细询问了降雨情况、洪峰到达下游的沿程水位以及大堤险工在高水位下的抗洪状况，最后毅然批准了不分洪的防洪方案，并指示，立即通知两省加强防守，党政军民全力以赴，战胜洪水，确保安全。

之后，周总理又抵临被洪水冲毁的黄河铁路大桥视察，代表党中央、国务院慰问正在抢修大桥的干部职工，勉励大家发扬革命战争年代艰苦奋斗的精神，同暴风雨和洪水作斗争，尽快修复黄河大桥。当天深夜，考虑到南北跨河临时交通问题，周总理又电话通知工程兵司令员陈士榘派舟桥部队到郑州来架设浮桥。这次洪水之后，周总理还特批了一笔经费，为解决黄河汛期应急交通制造了一批架设浮桥的船只。

周总理黄河当"纤夫"

郑州黄河铁路大桥主桥在这次特大洪水的凶猛冲击下出现了偏移，如果不及时采取措施，势必出现危险，后果不堪设想。但由于当时技术条件极差，只好决定用土办法解决，组织1万多名部队官兵和民工用绳子拉纤把桥墩拉正。

周总理不顾劳累，冒雨到大桥上视察。工人闻知周总理到来，立刻围拢过来。有的工人看见周总理浑身都被雨淋湿了，就找来一把雨伞要为总理遮雨。周总理说："不用，我要和工人同志们一样。"他走到工人中间，征询和听取了大家对抢修大桥的意见，并和现场指挥抢险的领导干部一起商定了具体的抢险方案。

拉纤开始了，周总理径直走到民工中间，大家群情激昂，欢呼不已。周总理亲切地向大家摆摆手，立即脱下外套，加入拉纤的行列。大家一见，齐声喊道："总理，你不能拉纤啊！"周总理和蔼地说："这里没有总理，只有纤夫。"说着招呼大家一起拉纤。

"嗨哟！嗨哟！大家一起干呀！嗨哟！嗨哟！大家加把劲呀！……"在整齐的号子声中，桥墩终于被拉正了。

60多年过去了，周总理黄河当"纤夫"的身影依然那么清晰，感召着一批又一批党员干部在灾难面前打头阵、当先锋，为人民当一辈子"纤夫"。这些在滔滔洪水中奋不顾身的"纤夫"的身影，让我们为之自豪和骄傲！

在防洪斗争的关键时刻，周总理亲临黄河抗洪第一线，代表中共中央、国务院对重大防洪措施做出了果断决策和部署，为黄河防汛工作指明了方向，极大地鼓舞了下游两岸的抗洪大军。

　　自 7 月 17 日起，按照黄河防汛总指挥部的部署，河南、山东两省迅速组织了 200 多万人的军民抢险大军，开赴千里堤防，日夜拼搏在防洪第一线。黄河出现大洪水的水情发布后，河南省委、省人民委员会立即召开紧急会议进行了全面部署，累计动员各级干部 5000 多人，人民解放军官兵 4000 多人，群众队伍 30 多万人，加上后方的预备队，总人数达 100 多万，并出动船只 500 余艘、汽车 500 多辆，组成了一支强大的抗洪大军，坚守在抗洪一线，抢护险工出险 12 处 71 坝次，战胜渗漏、蛰陷、脱坡、裂缝等险情 130 多处，滩区淹没 527 个村庄，绝大部分群众安全迁出。

豫、鲁两省 200 多万军民参加抗洪斗争

　　在下游山东河段，由于这里的河道狭窄，洪峰水位表现较高，加重了堤防承受的压力。18 日，山东省委、省人民委员会联合发出决定，要求沿黄各地县乡党委、政府全党全民齐动员，集中一切力量与洪水搏斗。19 日，洪峰进入山东河段，由干部、群众和人民解放军组成的 110 万抗洪大军上堤防守。这次洪水期间，山东境内堤防共出现漏洞、管涌、陷坑、坝岸坍塌、蛰

军民团结奋战抵御大洪水

陷、大堤脱坡、根石走失、掉塘子等各种险情 1290 多段次。在抗洪抢险大军的努力下，这些险情都得到了及时化解，堤防工程一次次转危为安。

在紧张的抗洪抢险斗争中，党中央、国务院一直给予高度重视，采取一系列重大措施，统筹全国各行各业的力量为抗洪抢险提供了强有力的支撑。

1958 年 7 月 27 日，黄河历史上有水文实测资料以来的最大洪水终于安澜入海。同一天，中央防汛总指挥部发言人向新华社记者发表讲话。发言人说："自 1946 年人民治黄以来，黄河已经安度了 11 个伏秋大汛，没有发生决口泛滥，今年的特大洪峰，最大洪峰流量 22300 立方米每秒，特大洪水总水量达 60 亿立方米。这个水量和洪峰流量都和有水文记载以来的最大洪水 1933 年洪水相似……但是今年我们战胜了特大洪水，两岸没有分洪，没有决口，保证了农业大丰收。这是我国人民创造的又一个奇迹。"

第六节　万里黄河第一坝

　　黄河综合规划通过之后，黄河综合规划的第一期重点工程随即展开。三门峡水利枢纽，是中华人民共和国成立后在黄河上兴建的第一座以防洪为主综合利用的大型水利枢纽工程，被誉为"万里黄河第一坝"。

　　三门峡是黄河干流上的重要峡谷，峭壁对峙，浊浪排空，险峻的石岛，把黄河劈为神门、鬼门、人门三股雄流。中流砥柱，突兀而立，千古不摧，气势雄伟壮观。

　　人民治黄以来，围绕水库坝址选择做了大量勘查工作。三门峡成为最受瞩目的优良水库坝址。规划中的三门峡工程，控制黄河流域92%的面积，能有效拦截三门峡上游的洪水，并对三门峡至花园口区间洪水起到错峰、减量的作用，因此被中苏专家选为治黄的第一期工程。

三门峡水利枢纽坝址原貌

　　1955年12月，国务院常务会议决定组建黄河三门峡工程局。之后根据三门峡水利枢纽的工程规模和主要工程项目采用机械化施工的要求，国家从全国各地抽调干部、优秀技术工人、施工队伍等上万人参与工程建设。1957年4月13日，三门峡水利枢纽工程建设正式开工，一场前所未有的惊天地、泣鬼神的战斗在三门峡打响。

　　但关于三门峡工程的规划、设计到开工建设，围绕正常高水位的选定，争论一直不断。

1955 年表决通过的《黄河综合利用规划技术经济报告》初步确定三门峡水库的正常高水位为 350 米，后来考虑到淤积速度，为延长水库寿命，在初步设计时将此项指标抬高到 360 米。正常高水位的抬高对于关中平原地区的回水淹没影响巨大，因而引起陕西省的强烈反应，陕西省要求降低水库正常高水位。

根据中苏商定的由苏联专家设计三门峡工程的意见，1955 年 8 月，黄河规划委员会将《黄河三门峡水利枢纽设计技术任务书》和国家计划委员会的审查意见等文件，正式提交苏联电站部水电设计院列宁格勒设计分院。1956 年 4 月，列宁格勒设计分院提出了《三门峡水利枢纽初步设计要点报告》，拟定正常高水位最低为 360 米，若水库寿命按 100 年考虑，正常高水位为 370 米。

1956 年 5 月，清华大学教授黄万里向黄河规划委员会提交了《对黄河三门峡水库现行规划方法的意见》，主张通过全面经济核算来确定坝高，水库正常高水位应比 360～370 米为低，并建议切勿把大坝底孔堵死，以备将来泄水排沙，起减缓淤积的作用。

1956 年年底和 1957 年 3 月，水电总局的温善章先后向国务院和水电部提交《对三门峡水电站的意见》，提出三门峡水库正常高水位只需 335 米，以低坝小库汛期只防（滞）洪不蓄水，排泄泥沙，非汛期低水位蓄水运用，少综合利用的方案，以减少关中平原的淹没和迁移。

周总理得知这些不同意见后极为重视，指示水利部组织各方面专家认真讨论。经会议激烈讨论后，绝大多数专家认为，为了解决黄河防洪问题并充分发挥综合效益，三门峡工程不宜采取排沙方案，应在"蓄水拦沙"的大前提下，采取分期运用、水位逐步抬高的原则，以分散移民压力。对初期运用水位认为 340 米较合适，否定了拦洪排沙方案。由于正常高水位的确定有争议，这期间，根据周总理的指示，黄河规划委员会致电苏联电站部，因某些原则问题尚需进一步研究确定，暂缓进行技术设计。

三门峡工程已经于 1957 年 4 月正式开工，迫切需要中央对工程正常高水位问题早日定案。1958 年 4 月，周总理亲临三门峡工地主持召开现场会，针对两种观点展开的激烈争论，周总理在现场会上发表了重要讲话，深刻阐述了上游和下游、一般洪水与特大洪水、局部与整体、战略与战术等问题的辩证统一关系。最后，周总理总结确定了"两个确保"的原则，即"上下游兼顾，确保西安，确保下游"，并确定了工程分期抬高水位、分期运用和降低泄水孔底坎高程等原则。

此后，又经过多次反复讨论，争议一直未能完全消除。1959 年 10 月，周总理再次到三门峡主持召开现场会议，研究确定并经中央批准：1960 年汛前三门峡水库移民高程为 335 米，近期水库最高拦洪水位不超过 333 米。

在三门峡工程设计曲折前进的时候，工程建设施工正在突飞猛进地进行。建设期间，刘少奇、朱德、董必武、邓小平、李先念、陈云、李富春、陈毅、彭德怀、习仲勋等党和国家领导人相继到三门峡工地视察，极大鼓舞了工程建设者们的士气，有力推动了工程建设进度。

1957 年，三门峡大坝通过实施分期导流，开始左岸基坑开挖，并修建导流建筑物，创造了 20 世纪 50 年代分期导流的范例。

1958 年，三门峡大坝开始坝体浇筑，创年浇筑量 100 万立方米的国内纪录。同时，大坝混凝土掺用大量粉煤灰，节约优质水泥 22300 吨，这项新工艺亦属当时国内首创。

1958 年 12 月 13 日，鬼门河合龙，标志着三门峡水利工程截流成功，这为多泥沙河流上快速筑坝提供了经验。1960 年 9 月，三门峡大坝提前蓄水运用，拦蓄了当年洪峰，最高蓄水位达 332.58 米。

然而，由于原规划对中游水土保持拦沙速度估计过于乐观，水库自 1960 年 9 月蓄水以后，仅一年半时间就淤积了 15.34 亿吨泥沙，94% 来沙淤在库内。潼关河床

三门峡大坝蓄水运用

高程一下子抬高了 4.3 米，渭河口形成拦门沙。库区上游淤沙出现"翘尾巴"现象，并有上延趋势。渭河洪水与黄河回水叠加，使沿河 25 万亩滩地上水。如果继续按 350 米水位运行，那么西安、咸阳和广阔的关中平原都将有危险。

为确保西安及渭河下游的工农业生产安全，同时也为减缓库区淤积和减轻移民工作困难，1962 年 3 月，水库运用方式被迫由"蓄水拦沙"改为"滞洪排沙"。刚安装的第一台 15 万千瓦机组被迫拆迁到丹江口枢纽，从而使水库的排沙比由原来的 6.8% 增到 58%，但汛期淤积仍很严重。到 1964 年，330 米高程以下库容已损失了 60%，不仅回水淤积仍在发展，而且非汛期排沙也加剧了下游河道主槽淤积。

在我国的水利建设史上，没有一个工程像三门峡水利工程这样，从工程设计到建设，从运行到管理，历经曲折，既有规划、决策的教训，也有建设和运行管理的经验，坎坎坷坷，风风雨雨，不时成为全国水利界乃至全社会关注的焦点。规划和设计的先天不足，迫使工程在投入运用不久就不得不进行两次改建，三次改变运用方式。

1964 年 12 月 5 日，周总理主持治黄会议。这次会议上各种意见相持不下：有的主张维持现状，仍按原规划节节蓄水、分段拦泥；有的主张上拦下排；有的主张沿程放淤吃掉水沙；还有人认为"黄河本无事，庸人自扰之"，

因此主张炸掉大坝，恢复原貌。经过激烈争论，周总理做了鞭辟入里、辩证分析的长篇总结讲话，确定"确保西安，确保下游"的原则。会议最终决定对三门峡枢纽进行改建，即在左岸增建两条直径 11 米的泄洪排沙隧洞，并将原电站 5 ～ 8 号机组发电钢管改建为泄流排沙管，即"两洞四管"方案。改建工作在 1966—1968 年陆续完成，使枢纽在 315 米水位时，泄流能力由 3058 立方米每秒提高到 6102 立方米每秒。潼关以下库区由淤变冲。

　　1969 年 6 月，又决定实施第二次改建。在这次改建中，1 ～ 8 号施工导流底孔被打开，1 ～ 5 号机组进水口高程由 300 米降到 287 米。随着改建、增建的进行，水库运用方式由"蓄水拦沙"先改为"滞洪排沙"，之后进一步改为蓄清排浑、调水调沙的运用方式，对水量和泥沙进行双重调节，一般水沙年份水库可以达到冲淤平衡，保持长期有效库容，为多泥沙河流修建大型水库提供了宝贵的经验。

　　三门峡水利枢纽工程是当时中国修建的规模最大、技术最复杂、机械化水平最高的水利水电工程。三门峡工程的建设，为当时的中国积累了丰富的水利水电施工经验，培养了一大批水电建设人才，把我国大型水利水电工程建设与管理提高到了一个新的水平。

万里黄河第一坝

第七节　璀璨的长河明珠

黄河流域水力资源理论蕴藏量和技术开发量在我国七大江河中居第二位，而且水力资源比较集中，开发条件较好。全流域可开发水力资源主要集中在黄河干流。其中，从龙羊峡至青铜峡河段 900 多千米的河道，天然落差有 1300 多米，由于水多沙少，坡陡流急，落差大，建坝条件优越，是黄河水力资源的"富矿"，被誉为黄河水电的"黄金水道"。

20 世纪 50 年代，中国水电从三门峡水利枢纽工程开始，黄河上游刘家峡、盐锅峡、青铜峡等水利水电枢纽工程陆续迎来建设高潮。

刘家峡水利枢纽工程

刘家峡水利枢纽是黄河综合规划确定的一项第一期开发重点工程，其任务是以发电为主，兼顾防洪、灌溉、防凌、供水和养殖。早在 1954 年中苏专家黄河查勘团对黄河干、支流进行大规模查勘时，苏联专家就提出，兰州附近能满足综合开发任务的最好坝址是刘家峡。

1955 年 5 月，刘家峡水电站工程坝址开始选址勘测。第一届全国人民代表大会第二次会议之后，刘家峡水利枢纽勘测、规划等有关工作进度明显加快。1958 年，水电部经研究确定了刘家峡水电站工程坝址。当年 6 月，承担设计任务的北京水利勘测设计院即完成初步设计，9 月工程正式动工兴建。

之后，因三年困难时期及社会大环境的影响，国家决定对国民经济严重失调的局面进行调整，刘家峡水电站工程也因此于 1961 年缓建，直到 1964 年才得以复工。

刘家峡水电站

1968 年，刘家峡水电站工程基本完成混凝土浇筑，拦河大坝建成蓄水。1969 年 4 月，第一台机组开始发电，比复工后的计划提前了两年多。1974 年 12 月，5 台机组全部安装结束并投入运行，电站总装机容量为 116 万千瓦，其中单机容量 30 万千瓦的 5 号机组是当时国内最大的双水内冷水轮机组。水电站年均发电量 57 亿千瓦时，比中华人民共和国成立前全国一年的发电量还多。水库拦河大坝高 147 米，总库容 57 亿立方米，最大泄水流量 7400 多立方米每秒。该枢纽对于黄河上游出现的大洪水具有重要的调控作用。枯水季节可以用来调节水量，提高下游梯级电站的发电能力。

刘家峡水电站是中国在"独立自主，自力更生，艰苦奋斗，勤俭建国"方针指导下，自行建设的一座大型水电站。它的建成，标志着中国人民在开发黄河水电资源的道路上迈出了一大步。

盐锅峡水利枢纽工程

与刘家峡水电站同期开工建设的盐锅峡水电站，位于刘家峡下游 30 余千米处，是黄河综合规划中 46 个梯级中的第 10 级。规划拟定盐锅峡水利枢纽正常高水位 1621 米（大沽高程），设计水头 45 米，总装机容量 50 万千瓦。1958 年，承担盐锅峡水电站设计任务的西北勘测设计院在坝址勘测和综合地质测绘的基础上，加快了设计进程，当年 9 月即提出初步设计要点说明书。

盐锅峡水电站

1958 年 9 月 27 日，盐锅峡水电站正式开工建设。工程由刘家峡水力发电工程局施工。按照施工要求，首先要在黄河右岸修筑围堰，以便开挖溢流坝基坑。原计划采用木笼栈桥土石混合围堰，这样就需要木料 2500 立方米、块石和反滤料 56000 多立方米。如果等这些料物备齐，势必将延长工期，推迟发电时间。为了争速度、抢时间，工程局根据群众提议，经过讨论研究，决定采用古代劳动人民创造的"草土围堰"施工法。因为水流湍急，施工时首先在围堰上游筑起挑水坝，将主流挑出，然后一层草一层土筑压成堤，一节一节地向河心逼近。经过 20 多个昼夜的奋战，建设者们终于在 6 米深、流速 3.5 米每秒的激流中征服了汹涌的洪水，围堰合龙，保证了大坝基坑的开挖。

由于盐锅峡水电站设计工作是在边勘测边施工的过程中进行的，1960年技施设计基本完成后，原设计指标修改为近期装机总容量 35.2 万千瓦，共 8 台机组。经刘家峡水库调节后，按 20 年一遇设计洪峰流量为 7020 立方米每秒，千年一遇校核洪峰流量为 7500 立方米每秒。正常高水位 1619 米，总库容 2.2 亿立方米，有效库容 0.07 亿立方米，为日调节水库。

经过三年多的艰苦施工，1961 年 11 月盐锅峡水电站第一台机组开始发电，成为黄河干流上建成的首座以发电为主，兼有灌溉效益的水电站。从此，黄河峡谷第一次发出水电能源，为社会主义建设放射出光和热。

青铜峡水利枢纽工程

1958 年 8 月 25 日，位于宁夏平原要冲的青铜峡水利枢纽工程正式动工。这是一座以灌溉为主，结合发电、防洪、防凌等综合利用的水利工程。天下黄河富宁夏，在这里，黄河贯通南北，丰沛的水量，肥沃的土壤，独特的地理环境，使宁夏成为黄河上游第一个大面积引黄灌溉农业区。历史上古老的秦渠、汉渠、唐徕渠等大型渠道就诞生在这里。但是由于原来的引水渠均为无坝引水，不仅枯水季节引水没有保证，而且一遇洪水，又会渠堤溃决，致使大片良田被淹没。因此，为了改善宁夏灌区引水条件，青铜峡水利枢纽被选为黄河综合规划第一期开发工程。工程原计划分二期开发：第一期正常高水位 1137.5 米（大沽高程），发展灌溉面积 165 万亩；第二期正常高水位

青铜峡水电站

1145 米，增加灌溉面积 66 万亩，装机容量 10.5 万千瓦。后水利部经组织查勘认为，青铜峡坝址地质条件复杂，不宜修建高坝，确定枢纽抬高水头 20 米，正常高水位 1156 米（黄海高程），总库容 5.65 亿立方米。

枢纽建筑物由混凝土重力坝、河床闸墩式电站、溢流坝、河西与河东渠首电站以及灌溉引水工程等组成。电站装有 8 台机组，总装机容量 26.04 万千瓦。

该工程施工期间，围绕初步设计和技术施工设计中电站布置方案、灌溉引水流量、河东渠首电站机组容量、增设泄洪闸等问题，又进行了多次研究讨论，设计、施工均发生了一些改变。从开始兴建到 1967 年基本竣工、首台机组发电，历时 9 年。

青铜峡水利枢纽建成后，宁夏灌区的引水量得到保证，促进了灌区灌溉面积的发展，灌区粮食单位面积产量和总产量也得到迅速增长。同时，利用廉价的电力发展提水灌溉，解决了宁夏南部干旱地区的灌溉和人畜吃水问题。

刘家峡水电站、盐锅峡水电站、青铜峡水电站……一个个水电站如明珠般镶嵌在巨龙的躯干之上，给两岸人民带来光明，促进着中华民族经济的腾飞。

第五章

上拦下排　两岸分滞

淮河"75·8"特大洪水发生后，防御黄河特大洪水成为党和国家极为关注的重大问题。遵照国务院部署，治黄工作相继开展了下游第三次大修堤和防御下游特大洪水规划等一系列治黄重点工作，在三门峡以下完善伊河、洛河支流水库，改建原有滞洪区设施，促成了小浪底工程兴建，基本形成"上拦下排，两岸分滞"的下游防洪工程体系，为防御黄河洪水提供了有力保障。

第一节　淮河大洪水敲响警钟

1975 年 8 月上旬，发生在河南省南部淮河流域的特大洪水，导致板桥、石漫滩等 60 多座水库溃坝，1100 万人受灾，给国家和人民带来严重损失。

"75·8"淮河大水中遭受重灾的淮河支流洪汝河、

溃坝后的板桥水库

沙颍河邻近黄河流域，这样的暴雨完全可能出现在三门峡至花园口区间。那样，黄河下游有可能发生 46000 立方米每秒的特大洪水，届时将出现"既排不走又吞不下"的严重局面，这场暴雨洪水也给黄河防洪敲响警钟，迫使人们对黄河洪水进行重新审视。

遵照国务院关于严肃对待特大洪水的批示，1975 年 12 月中旬，水电部在郑州召开黄河下游治理座谈会。大家一致认为，黄河下游花园口站有可能发生 46000 立方米每秒的洪水，建议采取重大工程措施，逐步提高下游防洪能力，努力保障黄、淮、海大平原的安全。会后，水电部和河南、山东两省联名向国务院报送《关于防御黄河下游特大洪水意见的报告》。报告提出：当前黄河下游防洪标准偏低，河道逐年淤高，远不能适应防御特大洪水的需要。今后黄河下游防洪应以防御花园口站 46000 立方米每秒洪水为标准，拟采取"上拦下排，两岸分滞"的方针，建议采取以下重大工程措施：在三门峡以下兴建干支流水库工程，拦蓄洪水；改建现有滞洪设施，提高分滞能力；加大下游河道泄量，排洪入海；加速实现黄河施工机械化。

　　该报告提出的"上拦"措施是：为了确保黄河下游安全，必须考虑从小浪底或桃花峪滞洪工程中，修建其中一处。支流工程除已建陆浑水库外，拟再建故县水库和沁河河口村水库。"下排"措施是：除继续抓紧第三次大修堤，加高加固现有堤防外，还计划在山东陶城铺以下增辟分洪道。"分滞"措施是：改建北金堤滞洪区，加固东平湖滞洪区，增加两岸分滞能力。为适应处理特大洪水需要，并保证分洪可靠，决定新建濮阳渠村和范县邢庙两座分洪闸，并加高加固北金堤。

　　无论是当时还是现在，"上拦下排，两岸分滞"都是解决黄河下游防洪问题的正确方针。"上拦"主要是在干流上修建大型水库工程，控制洪水，进行水沙调节，变水沙不平衡为水沙相适应，以提高水流输沙能力；"下排"就是利用下游现行河道尽量排洪、排沙入海，用泥沙填海造陆，变害为利；"两岸分滞"则是遇到"既吞不掉，又排不走"的特大洪水时，向两岸预定的蓄滞洪区分滞部分洪水，情况紧迫时牺牲局部保全大局。如果能建立完善的"上拦下排，两岸分滞"防洪体系，实行迅速有效的统一指挥和科学灵活的调度，并充分发挥人民防汛队伍的强大作用，确保黄河下游长治久安完全是可能的。

　　1976年6月，黄河水利委员会组织力量，开展了小浪底和桃花峪工程的规划论证研究，提交了《黄河小浪底水库规划报告》。

　　1978年6月，黄河防汛总指挥部先后在郑州和北京分两个阶段召开了陕、晋、豫、鲁四省防汛会议。7月16日，李先念副主席在听取了水电部部长钱正英、黄河水利委员会主任王化云的汇报后，针对当时黄河防洪急需解决的突出问题，做出了几点重要指示，确定：铁道部保证抢运防汛石料30万立方米；各省负责破除黄河滩区内的生产堤；着手组建下游机械化施工队伍；龙门、小浪底、桃花峪等大型工程先搞设计；黄河滩区治理纳入黄河下游防洪计划。同年10月，中国水利学会在郑州召开黄河下游治理规划学术研讨会，会议针对控制特大洪水问题，对龙门、小浪底等几个拟建干流枢纽工程进行分析比较，认为应在全面规划的基础上确立第一批工程。

　　1978年11月召开的中共十一届三中全会，确定把党和国家的工作重心转移到经济工作上。1979 年 4 月 5 日至 28 日，中共中央在北京召开工作会议期间，国务院副总理余秋里、王任重先后听取了黄河水利委员会主任王化云的汇报，深入了解了黄河下游防洪亟待解决的问题，形成了倾向性的意见。5 月 11 日，水利部与河南、山东、陕西、山西四省联名向中共中央、国务院提交了《关于黄河防洪问题的报告》。报告中提出三条措施：一是在三门峡以上干流兴建龙门水库，在三门峡以下修建小浪底水库；二是控制伊、洛、沁三条支流的洪水；三是建立常年施工队，加快堤防建设。

　　针对当时国民经济重大比例关系严重失调的情况，中央决定从 1979 年起，用三年时间对国民经济实行"调整、改革、整顿、提高"的方针。据此，在全国范围内要压缩基本建设规模，黄河治理基本建设投资也将大幅度压缩，从 1981 年起，每年只能安排 5000 万元。当时，始于 1974 年的黄河第三次大修堤正在进行之中。1975 年淮河大水之后，为防御黄河特大洪水，下游防洪规划中又增加了一些基建工程。到 1980 年，大堤加高培厚、涵闸改建、滞洪区建设等工程共投资 6.5 亿元，根据规划还需 9.5 亿元。此后如果每年仅仅安排投资 5000 万元，第三次大修堤将要往后延续数年才能完成。而一年一度的黄河下游防洪任务艰巨，压力很大，如果急需的工程做不上去，防洪安全很难保证。

1976 年加复大堤施工郑州黄河段运土修堤情景

　　1980 年 7 月，邓小平同志来河南视察工作。河南省委和黄河水利委员会向邓小平同志反映了黄河防洪存在的问题，特别是防洪基建经费压缩可能带来的严重情况，得到了邓小平同志的高度重视。1981 年 4 月 21 日，国务院主要领导在水利部的报告上再次做了批示，同意水利部确定的 1981 年黄河防洪任务和各项措施，并希望抓紧落实，做到有备无患。对于以后黄河防洪工程的建设，要求国家计划委员会在拟定五年计划时予以研究。

沁河杨庄改道工程

沁河杨庄改道工程是解决河南省武陟县境木栾店河段堤防标准不足及河道急弯卡口阻水险势，确保沁河下游防洪安全，防止沁、黄并溢，危及华北平原的防洪工程。工程于 1981 年 3 月开工，防洪主体工程于 1982 年 7 月中旬完成。1984 年，该工程荣获国家优质工程银质奖。防洪主体工程完成的第十二天，沁河就发生了近百年来最大的洪水，工程经受住了超标准洪水的严峻考验，完整无损，发挥了防洪作用，避免了沁南堤防发生漫溢决口的灾害，收到直接效益 1.5 亿元，为工程投资的 5 倍之多。

1981 年 5 月，国务院批准了国家计划委员会提出的《关于安排黄河下游防洪工程的请示报告》，决定在 1981—1983 年对黄河下游最急需的防洪工程每年安排 1 亿元。关于 1981 年所需投资，决定动用国家预备费 5000 万元，用于增拨黄河下游治理工程的基建投资，使这一时期的黄河防洪基建经费得到保障。

在国家经济出现困难、压缩建设项目的情况下，黄河下游防洪基本建设的投资不仅没有压缩，而且得以增加，为此还动用了国家预备费，充分体现了党和国家对黄河防洪问题的高度重视。

这一期间，第三次黄河下游大复堤效果最为显著。该防洪工程建设是一项综合性工程，项目很多，为确保把有限的经费首先用于重点需要项目，发挥工程最大效益，黄河水利委员会把大堤、险工作为急需完成的主体工程。

不过，当时也有不同意见，认为修堤经费分得太多，大堤只需加厚就可以了，不一定再加高。王化云力陈修堤的重要性，他认为，洪水主要靠大堤约束向下游排泄，如果花园口站遭遇大洪水，只有把洪水送到渠村分洪闸才能分滞；送到孙口，东平湖才能运用。中间几百千米的堤防不加高培厚，如果还没等洪水走到分洪闸就溃决了怎么办？此外，考虑到测流误差，10000 立方米每秒的流量实际上也有可能为 11000 立方米每秒，这样防洪压力将更大。因此，黄河大堤加高一定要按标准修够。实践证明，坚持保证重点的方针，是符合黄河治理实际的。

至 1985 年大堤加高培厚工程全部完成之时，以修堤为主体的第三次黄河下游防洪工程建设共培修堤防 1300 千米，两岸大堤平均加高 2.15 米，加高后的堤身高 8～10 米，堤顶宽 7～12 米，特别是锥探灌浆和放淤固堤等技术的广泛运用，使千里大堤更为巩固，达到了花园口站 22000 立方米每秒的防洪标准，为防御黄河洪水提供了有力屏障，在确保黄河岁岁安澜中发挥了重要作用。

黄河第三次大修堤中利用黄河泥沙放淤固堤

放淤固堤

　　放淤固堤是利用黄河泥沙治河的一个创举，肇始于明代，并在清代治黄史上形成一个高潮。当时有人把这一措施看作黄河下游"以水治水"的上策。人民治黄以来，黄河下游修防职工对放淤固堤进行了反复探索，一步步掌握规律。中华人民共和国成立初期，开始利用黄河泥沙在背河洼地放淤改土。从虹吸、闸门放淤到机械提水放淤，从自流淤背到利用吸泥船、泥浆泵等进行堤防冲填试验。改革开放以来，放淤固堤技术日趋成熟，水力冲填施工培堤成为放淤固堤的主要方法，是黄河人因地制宜、自主创新、以河治河的伟大创举。山东河务局利用吸泥船淤背固堤成果获1978年全国科学大会奖。

第二节　战胜 1982 年大洪水

1982 年 8 月 2 日，黄河花园口出现洪峰流量 15300 立方米每秒的洪水，这是中华人民共和国成立以后黄河发生的仅次于 1958 年洪峰流量 22300 立方米每秒洪水的又一场大洪水。经过沿黄 30 万军民 8 个昼夜的奋战，洪水于 9 日 14 时通过山东利津站安全入海，黄河防洪斗争又一次取得了重大胜利。

这年汛期，黄河水少、沙少、洪峰次数少，但洪量集中。7 月 29 日到 8 月 2 日，三门峡到花园口干支流区间 4 万多平方千米突然暴雨连连，局部地区降特大暴雨。这 5 日的累计雨量为：伊河陆浑站 782 毫米，洛河赵堡站 645 毫米，沁河山路平站 452 毫米，其中伊河陆浑站日最大降雨量 544 毫米。各支流与干流汇合后，8 月 2 日，花园口站出现 15300 立方米每秒的洪峰流量。

这次洪水主要来自三门峡以下，由于干支流并涨，汇流快，来势猛，水量大，洪水持续时间长，对黄河堤防威胁很大。由于河床连年淤高，郑州花园口至台前孙口河段洪水位普遍比 1958 年 22300 立方米每秒洪水位还高 1 米左右，其中，开封柳园口高

1982 年 8 月，黄河水文职工测报洪水流量

2.09 米，长垣马寨至范县邢庙河段高 1.5～2.02 米。黄河滩区位山以上，除原阳、中牟、开封 3 处高滩村庄未进水外，其余全部受淹。滩面水深一般在 1 米以上，深处达 6 米。共淹滩区村庄 1300 多个，受灾人口 93.27 万人，耕地 217.44 万亩，被淹农田基本绝收。

为了迎战这次洪水，黄河防汛总指挥部根据降雨和来水情况及时进行了全面部署，并及时向国务院和中央防汛总指挥部发出紧急电报，中央防汛总指挥部要求立即彻底破除长垣生产堤，以便蓄滞洪水。

此时，河南黄河防洪出现了黄、沁并涨的严峻局面。

根据 1969 年 8 月 2 日拟定的沁南滞洪方案，当小董站流量超过 4000 立方米每秒或水位超过保证水位（北堤低于堤顶 2 米）时，可依据险情在沁南五车口段分洪。8 月 1 日深夜，五车口段大堤出水只有几分米，按照流量与水位均已达到分洪标准，沁南群众已经撤离，五车口段已预埋了炸药包。然而，当地领导认为杨庄改道主体工程完成后，行洪能力提高，建议在右堤打子埝避免分洪。8 月 2 日凌晨 1 时，武陟第二修防段将地方领导的意见报告了河南省防汛指挥部。经黄河防汛总指挥部批准，同意在沁河右堤打子埝。

2 日 10 时，沁河五龙口就出现了 4240 立方米每秒的洪峰，沁河防汛进入非常紧张状态，对此，黄河水利委员会密切关注水情变化，研究分析防洪调度措施。黄河防汛总指挥部当即决定对沁河采取四条紧急措施：一是各级领导立即带领群众上堤防守，全力以赴，千方百计保证安全；二是所有涵闸立即围堵，严密防守，并做好抢险准备；三是南岸大堤不足设防标准地段，立即抢修子埝；四是杨庄工地尽快消除行洪障碍，以利排洪，同时抓紧撤退，尽量减少损失。

新乡地区和沿河各县组织防汛大军 10 万余人，冒雨上堤防守，并在 10 小时内抢修子埝 21 千米。2 日 21 时，沁河小董站流量达到 4130 立方米每秒。五车口段水位高过堤顶 0.2 米左右，杨庄改道工程新右堤段的水位停留在距堤顶 40 多分米处，持续了一个多小时，水位开始缓慢回落。洪峰顺利进入黄河。

河南黄河机械化施工队伍紧急运送防汛石料

沁河来水时右堤五车口段加修子埝

1982 年，新乡黄河职工奋战黄河洪水

当时中共十二大召开在即，中央高度重视防御这场黄河大洪水，国务院副总理万里在北京召集水电部部长钱正英和河南省省长戴苏里、山东省省长苏毅然，共同研究了应对洪水的措施，决定运用东平湖分洪，控制泺口流量不超过 8000 立方米每秒。

根据国务院和中央防汛总指挥部的决定，山东省人民政府立即召开会议，对确保东平湖老湖顺利分洪、沿河防守措施等做出了紧急部署。沿河各级党、政、军负责人亲临黄河第一线，指挥抗洪斗争。

8 月 6 日 22 时，孙口站流量超过 8000 立方米每秒，东平湖林辛进湖闸开闸分洪。7 日 11 时，十里堡进湖闸开启，两座分洪闸最大分洪流量达 2400 立方米每秒。8 月 9 日，河道水位回落，两闸先后关闭，共分洪水 4 亿立方米。分洪后艾山下泄流量最大 7430 立方米每秒，削减孙口站洪峰 2670 立方米每秒，削减率达 26.4%。这次洪水期间，下游黄河大堤、沁河堤防、东平湖水库二级湖堤普遍洪水偎堤，黄河大堤堤根水深一般为 1 ～ 2 米，最深的达 6 米，出现渗水、管涌、裂缝等险情 96 处，801 道险工坝垛出险，共计 1079 坝次。河南开封黑岗口、山东东阿井圈等险工，先后发生根石墩蛰、坦石坍塌等重大险情。位山以上部分控导护滩工程洪水漫顶，支流沁河洪水位甚至超过了南岸大堤堤顶 0.21 米。经过艰苦奋战，洪水于 9 日 14 时通过利津安全入海。

1982 年大水，东平湖老湖顺利分洪

军民一心齐抗洪

抗洪抢险期间，下游堤防军民团结战斗，顽强拼搏，涌现出许多可歌可泣的英勇事迹。为有效削峰滞洪，滩区群众舍弃了丰收在望的庄稼，按要求破除了生产堤。洪水漫滩后，濮阳习城公社一小队会计兰封初，两天撑船救出滩区被淹群众 200 多人，8 月 4 日船行至深水处，因精疲力竭落水牺牲。安阳水泥厂工人马二印，回家探亲遇上黄河涨水，看到搬迁群众中一小孩落水，他跳入水中抢救，把孩子推向了岸边，自己却被洪水吞没。沿河驻军部队充分发挥抗洪抢险突击队的作用。千里大堤上，哪里有险情，哪里就有解放军战士在奋力拼搏；河道滩区内，哪里有灾民，哪里就有解放军战士在紧急救护。黄河上不少离退休的老干部、老工人，重返河防，参加抗洪斗争。在这种军民团结、齐心协力的伟大抗洪精神鼓舞下，黄河防洪斗争取得了最后胜利。

参加抗洪抢险的解放军部队官兵和沿黄群众

这次暴雨洪水中心在伊河流域，经陆浑水库拦蓄，伊河最大流量从4400多立方米每秒削减为820立方米每秒。如果没有陆浑水库拦蓄，陇海铁路可能被洪水冲毁而中断通车，花园口洪峰流量将达到17000立方米每秒，下游防洪任务更加艰巨。洪水到达下游河道，堤防几乎全线偎水，堤根水深最深达6米，但千里堤防没有发生特别重大的险情。洪水漫滩后，下游河势控导工程在不少坝垛漫顶的情况下，仍然有效地控制了主流，河势没有发生大的变化。

第三次大修堤为战胜洪水奠定了物质基础，堤防险情较1958年为轻。同时，这也表明"上拦下排，两岸分滞"的防洪方针是正确的。

从洪水的组成看，因支流洛河上的故县水库尚未发挥作用，增加了黄河的洪峰流量，说明三门峡以下干支流缺少控制工程，黄河下游仍然存在严重的洪水威胁。因此，尽快充实完善下游防洪工程体系是当时黄河治理的迫切要求。

第三节 加快推进黄土高原治理

黄河难治，根在泥沙。国务院 1990 年公布的遥感调查资料表明，黄土高原地区水土流失面积达 45.4 万平方千米，年均 16 亿吨泥沙通过千沟万壑源源不断地输入黄河。这些泥沙导致下游河床淤积抬高，使黄河成为世界上最难治理的河流。因此，黄土高原水土流失治理，成为黄河变害为利的根本所在。

中华人民共和国成立后，为有计划地开展水土保持工作，黄河水利委员会首先恢复和建立了一批水土保持试验站，总结西北地区群众的实践经验，探索水土流失规律。天水、西峰、绥德等试验站本着"增产拦泥"的原则，根据各类型区不同的自然和社会经济条件，积极开展科学研究，创造经验，并进行大力推广，为建设山区、探求黄河治本发挥了重要作用。

20 世纪 70 年代末，以清华大学钱宁教授为首的水利科学家对黄河多沙粗沙区的研究有了重大突破。经过大量的研究分析，钱宁等认为，黄河中游地区存在粗泥沙比较集中的产沙区，多沙粗沙区面积为 10 万平方千米，这些粗泥沙对黄河下游河道产生淤积的影响最大，应作为水土保持工作的重点。遏制下游河道持续淤积恶化，应重点控制这部分粗泥沙。明确水土流失重点治理区域被认为是"治理黄河认识上的一个重大突破"。

中共十一届三中全会以后，黄土高原地区水土保持工作获得了新的生机。1979 年，邓小平同志在总结历史经验的基础上提出了黄土高原建设的战略设想。1980 年，国家召开黄土高原水土保持科学讨论会，研究了综合治理方案，拟定了 14 个综合治理试点县，决定恢复黄河中游水土保持委员会。黄河水利委员会成立了黄河中游治理局。黄河流域水土流失治理进入了一个新的发展阶段。

甘肃宁县群众进行塬边治理

1980 年 5 月至 6 月，根据水利部的安排，黄河水利委员会在黄河中游水土流失严重的无定河、三川河、皇甫川 3 条支流和山西吉县，内蒙古伊金霍洛，陕西清涧、延安、淳化等地共选了 38 条小流域作为试点，采取签订合同、定额补助等经济管理办法，以加快水土流失的治理。据统计，1981—1985 年，平均每年完成治理措施面积约 1 万平方千米，平均每年新增治理措施面积 5000 平方千米。

千家万户治理千沟万壑

20世纪80年代初期，黄河流域水土保持工作进展较快的一个重要原因是推广了户包治理小流域的水土保持责任制。户包治理小流域是指以家庭为承包治理单位，以支毛沟小流域的荒山荒坡荒沟为治理对象，通过统一规划，综合治理，除害兴利，开拓山区新的生产领域，建立以林业或牧业为主的个户多种经营基地，达到山区治穷致富、改善生态环境的目的。户包治理小流域把"一家一户"这个社会最基本的经济单元与"小流域"这个水土流失最基本的自然单元紧密结合，同向发力，开创了"千家万户治理千沟万壑"的崭新局面。

1984年，国家计划委员会和水电部提出并部署在河口镇到龙门区间的多沙粗沙区加强治理，增修库容50万～100万立方米以上的治沟骨干工程，在"小多成群"淤地坝中建设1000多座"上拦下保"的控制性骨干坝。1986年，为了配合神府东胜煤田的开发，黄河水利委员会组织开展了窟野河、孤山川、秃尾河3条多沙粗沙支流治理的规划工作，该规划1990年11月经水利部审查同意。

1990年，国家计划委员会批准了《黄河流域黄土高原地区水土保持治理规划》；1992年，水利部将《黄河流域水土保持规划》《黄河流域多沙粗沙区治理规划》纳入《全国水土保持规划纲要》，黄土高原子午岭、六盘山林区被列为国家重点预防保护区，晋陕蒙接壤地区被列为国家重点监督区，河口镇到龙门区间21条支流被列为国家重点治理区，治沟骨干工程被列为国家重点建设工程项目。国家通过拨专款支持实施，加快了黄河中游多沙粗沙区的水土流失治理。

陕西省绥德县生态建设

1994年，国家启动实施了历时12年的黄土高原水土保持世界银行贷款综合治理项目，项目引进世界银行贷款3亿美元，共治理水土流失面积9300多平方千米，涉及陕西、甘肃、内蒙古、山西4个省（区）。项目取得了显著的经济效益、生态效益和社会效益，被评为世界银行项目的"旗帜工程"，并获得世界银行项目杰出成就行长奖，同时通过项目实施培养了一大批项目管理人才，提高了管理水平，有效推动了我国水土保持工作规范化进程。

甘肃省庄浪县梯田小麦

2001 年，黄河水利委员会启动实施了黄河水土保持生态工程，先后安排建设两期 39 个项目区，涉及青海、甘肃、宁夏、内蒙古、陕西、山西、河南、山东 8 个省（区），涵盖无定河、窟野河、昕水河等 19 条黄河重点一级支流，开展水土流失综合治理 5078 平方千米，建设淤地坝 2963 座，其中骨干坝 795 座，总投资 21 亿元。全国第一个水土保持生态工程大型示范区——甘肃省天水市藉河示范区的建设，受到了水利部的高度评价和社会的广泛关注。水利部将这一成功经验在全国进行推广，引领我国水土流失治理跨上一个新台阶，吸引多个省（区）、市到藉河示范区参观学习。

甘肃省庆阳市南小河沟示范区

经过多年的持续治理和大规模的自然修复、封育保护，黄土高原水土保持生态建设取得显著成效，治理区水土流失面积减少、程度减轻，生态环境得到明显改善，为人们展现了美好的前景。

第四节　世纪工程小浪底

2001 年，黄河小浪底水利枢纽工程如期完工，一座以实现"防洪、防凌、减淤为主，兼顾供水、灌溉和发电，蓄清排浑，除害兴利，综合利用"为目标的世纪治黄丰碑展现在人们面前。

作为我国一项跨世纪重大水利工程，小浪底枢纽工程从报告建议、方案论证、规划设计到最后决策、工程建设经历了一段漫长而又复杂的历史进程。

从 20 世纪 50 年代起，几十年间，黄河水利委员会对小浪底水库的建设展开了调查、勘探、规划等大量前期工作。

党的十一届三中全会以后，国家改革开放伊始，经济建设待兴，为防御黄河特大洪水灾害，在三门峡以下修建干流拦洪水库被提上国家重要议事日程。

然而，在建小浪底水库还是建桃花峪滞洪工程方面，国内有关专家存在不同意见。主张先修建桃花峪滞洪工程的专家认为，解决下游防洪问题已是当务之急，刻不容缓。桃花峪滞洪工程控制洪水性能好，距下游最近，调度灵活，可靠性大，这是三门峡、小浪底水库所不能比拟的。修建桃花峪滞洪工程可使下游稳定三四十年。主张先修建小浪底水利枢纽的专家认为，从综合效益考虑，小浪底工程远远优于桃花峪滞洪工程。据统计，黄河下游洪水总量的 50% 多来自三门峡以上，小浪底水库不仅拦蓄了三门峡至小浪底区间的洪水，更重要的是帮助三门峡水库拦蓄了上中游的来水，与陆浑、故县水库联合运用，防洪效益十分显著，减淤作用更为突出。

1983 年 2 月底至 3 月，国家计划委员会和中国农村发展研究中心在北京联合召开了小浪底水库工程论证会，对兴建小浪底工程的重要性取得了共识。1984 年年初至 1985 年 10 月，经过中美双方的共同努力，小浪底工程轮廓设计圆满完成。1985年12月，黄河水利委员会正式向国家计划委员会呈报了设计任务书。1987—1988年，按照国家计划委员会的批示，黄河水利委员会抓紧开展了小浪底水利枢纽初步设计工作。在此期间，中央领导同志多次考察黄河，对黄河防洪和修建小浪底工程做出一系列重要指示。

经过几十年坚持不懈的努力，1991年3月底至4月，全国人大七届四次会议将小浪底工程列入国家经济和社会发展十年规划和第八个五年计划纲要，确定在"八五"期间开工建设。

1991年9月1日，小浪底水利枢纽前期工程正式开工。

1994年9月12日，来自51个国家和地区（其中包括37个中国国内施工单位）的近万名施工人员云集小浪底，一场跨世纪治黄大会战就此打响。小浪底水利枢纽战略地位重要，工程规模宏大，地质条件复杂，水沙条件特殊，运用要求严格，被中外水利专家称为世界水利工程史上最具有挑战性的工程之一。小浪底水利枢纽主体工程建设采用国际招标，以意大利英波吉罗公司为责任方的黄河承包商中大坝标，以德国旭普林公司为责任方的中德意联营体中进水口泄洪洞和溢洪道群标，以法国杜美兹公司为责任方的小浪底联营体中发电系统标。为扭转工期拖延的被动局面，以中国水利水电第十四工程局为责任方，一局、三局、四局参与组成的小浪底工程联营体，在小浪底工地这所"开放的舞台"上，经历了索赔与反索赔的较量，实现了全方位与国际建设管理惯例接轨，在中国水利史上树起了一面国际工程建设旗帜。

1997年10月28日，大坝截流成功。2000年11月30日，大坝主体工程完工，开始发挥拦洪效益。2001年12月31日，小浪底工程全部竣工。黄河小浪底工程建设历时11年，共完成土石方挖填9478万立方米，混凝土348万立方米，钢结构3万吨，安置移民20万人，取得了工期提前、投资节约、质量优良的好成绩，被世界银行誉为该行与发展中国家合作项目的典范，在国际国内赢得了广泛赞誉。

小浪底工程实现大坝截流

小浪底水利枢纽由大坝、泄洪排沙建筑物、引水发电建筑物组成。坝顶高程 281 米，正常高水位 275 米，总库容 126.5 亿立方米，淤沙库容 75.5 亿立方米，长期有效库容 51 亿立方米，电站总装机容量 180 万千瓦，平均年发电量 51 亿千瓦时。

防洪方面，小浪底水利枢纽与已建的三门峡、陆浑、故县水库联合运用，并利用东平湖分洪，可使黄河下游防洪标准提高到千年一遇。

防凌方面，小浪底水利枢纽增加了 30 亿立方米防凌库容，与三门峡、陆浑、故县等水库联合运用，可基本解除黄河下游凌汛威胁。

减淤方面，由于小浪底水利枢纽控制黄河输沙量的 100%，可滞拦泥沙 78 亿吨，相当于 20 年下游河床不淤积抬高。

在黄河水资源利用上，平均每年可增加 20 亿立方米的调节水量，在确保黄河不断流的同时，满足下游灌溉与城市用水，提高灌溉保证率。

小浪底水利枢纽

　　在黄河水沙调控体系建设中，小浪底水利枢纽这一跨世纪宏伟工程，以其优越的自然条件、重要的战略位置和巨大的调控功能，与中游已建的万家寨、三门峡、陆浑、故县水库以及待建的古贤、碛口等水库，形成功能强劲的水库群，调控着进入下游河道的水沙过程，有效解决下游河道淤积、洪水威胁以及水资源紧缺等重大问题，为黄河母亲的健康生命疏通血脉、激发活力。

第五节　基本形成黄河下游防洪工程体系

随着小浪底工程投入运用，"上拦下排，两岸分滞"的黄河下游防洪工程体系基本建成，这一体系主要包括上拦工程、下排工程和分滞洪工程。

上拦工程

黄河上拦工程包括干流三门峡水库、小浪底水库和支流伊河陆浑水库、洛河故县水库。由于黄河下游洪水峰高量小，一次洪水的历时多在 10～12 天，且主要集中在 5 天之内。据推算，花园口水文站千年一遇的洪峰流量为 42100 立方米每秒，12 天洪量 164 亿立方米，大于 10000 立方米每秒的洪量为 62 亿立方米；百年一遇的洪峰流量 29200 立方米每秒，12 天洪量 125 亿

三门峡水库

立方米，大于 10000 立方米每秒的洪量仅为 31 亿立方米。中游利用干支流水库拦洪易于达到削减洪峰流量的目的。

三门峡水库是上拦工程的骨干工程，控制黄河流域面积的 91.5%，335 米高程以下防洪库容 60 亿立方米，能有效地控制三门峡以上的洪水，对三门峡以下的洪水也可起到错峰作用，以减轻下游防洪负担。

陆浑水库主要任务是配合三门峡水库削减三门峡至花园口区间的洪峰流量，以减轻黄河下游的防汛负担。据推算，当发生万年一遇的洪水时，可削减花园口洪峰流量 1530 ~ 5770 立方米每秒；当发生千年一遇的洪水时，可削减花园口洪峰流量 1300 ~ 3620 立方米每秒；当发生百年一遇的洪水时，可削减花园口洪峰流量 510 ~ 1680 立方米每秒。

陆浑水库曾多次发挥削减洪峰流量的作用。1964 年 9 月 24 日削减洪峰流量 1014 立方米每秒，同年 10 月 6 日削减洪峰流量 1140 立方米每秒。1982 年 8 月，入库洪峰流量达 4400 立方米每秒，经陆浑水库调控后有效削减了洪峰流量，下泄流量为 820 立方米每秒。

故县水库控制洛河流域面积 5370 平方千米，占三门峡至花园口间流域面积的 13%。坝基以上是三门峡至花园口之间洪水主要来源区之一，相应洪量占花园口 10000 立方米每秒以上洪量的 18% ~ 32%。近期总库容 10.6 亿立方米，防洪库容 7 亿立方米。

故县水库修建后，洛河下游洛阳以下的防洪标准，由原 15 年一遇提高到 24 年一遇，减小了伊河、洛河夹滩低洼地区的进水概率。据推算，对于黄河下游花园口水文站的洪峰流量，当发生万年一遇的洪水时，削减洪峰流量 266 ~ 3550 立方米每秒；当发生千年一遇的洪水时，削减洪峰流量 220 ~ 2250 立方米每秒；当发生百年一遇的洪水时，削减洪峰流量 520 ~ 1470 立方米每秒。

小浪底水库的投入使用，打开了四库联调、相互配合的有利局面，使黄河下游的上拦工程得到了进一步完善。

陆浑水库

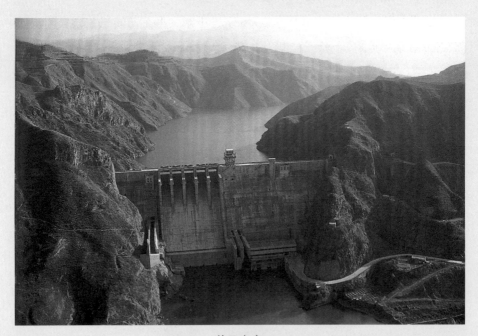

故县水库

下排工程

下排工程措施主要包括下游黄河大堤和河道整治工程等。中华人民共和国成立后，先后对下游两岸大堤进行了3次全面的加高培厚，达到了花园口22000立方米每秒的防洪标准，黄河的防洪能力得到了显著提高。

黄河花园口标准化堤防

黄河下游河道善淤多变，水流散乱，常常形成"横河""斜河"等，对防洪极为不利。因此，为了有效控制河势，必须进行河道整治，下游的河道整治主要是采取修筑控导工程与险工相配合的方法。河道整治改善河道的平面和横断面形态，控导主溜，稳定河势，在确保防洪安全的前提下，使下游黄河不仅有利于引黄灌溉和滩区群众的生产，又有利于航运。

分滞洪工程

黄河下游河道上宽下窄，排洪能力上大下小。花园口按防御22000立方米每秒洪水设防。山东艾山以下窄河道防洪标准为11000立方米每秒，上游能够通过的大洪水到了艾山段就要受到阻碍，水位壅高，威胁大堤安全。当遇到特大洪水，超过大堤防御标准，为确保堤防安全，就要利用沿河两岸的低洼地分洪。为此，主要建立了东平湖、北金堤滞洪区及齐河、垦利展宽区等分滞洪区。

北金堤滞洪区处于黄河下游宽河段转入窄河段的过渡段，位于左岸豫鲁两省边界，南临黄河北堤，北靠北金堤。滞洪区形如狭长的三角形，长150余千米，最宽处40余千米。北金堤滞洪区于1951年开辟，1976年经国务院批准进行改建，并于1978年新建濮阳县渠村分洪闸。滞洪区库容共27亿立方米，其中黄河有效滞洪库容20亿立方米，为金堤河预留库容7亿立方米。当花园口水文站发生流量超过22000立方米每秒特大洪水，运用三门峡、陆浑、故县和东平湖等拦洪分洪措施仍难以保证堤防安全时，经报请国务院批准后运用，可以分滞洪水，减轻堤防负担。

亚洲第一大闸——濮阳县渠村分洪闸

渠村分洪闸是当黄河花园口出现流量22000立方米每秒以上特大洪水时，向北金堤滞洪区分滞洪水的大型水利工程，为国家级一级建筑物，设计分洪流量为10000立方米每秒。工程总长209.5米，总宽749米，共56孔。整个工程规模宏大，雄伟壮观，坐落在濮阳县南端的渠村乡，每年都有大批游人前来参观游览，是广大学生了解黄河、认识黄河的爱国主义教育基地之一。

黄河下游防洪工程体系的基本形成，为防御黄河洪水提供了有力屏障，在确保黄河岁岁安澜中发挥了重要作用。

东平湖滞洪区

北金堤滞洪区

渠村分洪闸

第六章

实现黄河长治久安

黄河宁，天下平。进入21世纪，根据中央提出的科学发展观新要求，面对黄河洪水威胁、水资源短缺、流域生态环境脆弱等问题，黄河水利委员会提出了维持黄河健康生命的治河理念。特别是党的十八大以来，习近平总书记站在党和国家事业发展全局的战略高度，提出了"节水优先、空间均衡、系统治理、两手发力"的治水方针，并于2019年将黄河流域生态保护和高质量发展上升为国家战略，发出了"让黄河成为造福人民的幸福河"的伟大号召，为新时代黄河流域生态保护和高质量发展擘画出崭新的宏伟蓝图。

第一节 维持黄河健康生命

世纪之交，我国改革开放全面深化，经济社会快速发展，人民生活水平显著提高。这既给黄河治理开发提供了难得的机遇，也对水资源供给、防洪安全和水资源保护等提出了更高要求。同时，黄河依然存在一些突出的重大问题，其中黄河断流危机与水质污染加剧问题被人们密切关注。

由于水资源时空分布不均、配置不够合理，用水浪费和水污染情况十分严重，加上每年要向外流域输送约100亿立方米水量，同时作为世界上泥沙最多的河流，有限的黄河水资源还必须承担河道输沙任务和生态用水任务，黄河水资源供需矛盾日益突出，特别是20世纪90年代黄河断流加剧引起广泛关注。

从1972年首次出现断流开始，黄河断流现象趋于频繁。据统计，1972—1979年，黄河断流6次，平均断流时长7天，平均断流河段长130千米；1980—1989年，黄河断流7次，平均断流时长7.4天，平均断流河段长150千米；1990—1995年，黄河断流8次，平均断流时长53天，平

黄河断流，黄河三角洲河道情景

均断流河段长 500 千米；1996 年和 1997 年，断流时长分别达到 136 天和 226 天，断流河段长分别达到 579 千米和 700 千米。

1999 年元月，黄河小浪底河段污水横流，激起的有毒泡沫随风飘舞

黄河水污染日趋严重。20 世纪末，黄河流域废污水年排放量达 42 亿吨，比 80 年代初增加约 1 倍，相应进入黄河水体的废污水量也显著增加。黄河水质呈急剧恶化趋势，兰州、潼关、内蒙古、三门峡等河段重大水污染事件时有发生。

断流与污染并发，给沿黄人民生活和经济社会发展造成了多方面的影响和危害，下游沿黄 10 余座城市、几千个村庄居民生活用水受到严重影响，工厂停产或半停产，人畜饮水困难；工农业生产遭受重大损失，例如，1997 年，山东因断流造成工业生产直接经济损失达 40 亿元，农业生产直接经济损失达 70 亿元；下游河道主槽淤积加剧，1996 年，黄河主河槽过洪能力减少到 3000 立方米每秒以下；下游生态环境不断恶化，河口三角洲生态系统严重退化。

围绕黄河断流和流域生态危机，海内外迅速发起一场"拯救母亲河"行动。

1997 年 4 月，水利部、国家计划委员会和国家科学技术委员会在山东省东营市联合召开黄河断流及其对策专家座谈会，有关院士、教授和专家 70 多人参加了座谈会。

1997 年 5 月，国家环保局在北京召开关于黄河断流问题的研讨会，邀请了国内外水利及社会学方面的院士、专家学者，分析黄河断流对经济、文化和生态环境的影响及断流的成因、趋势，探讨解决断流的对策。

1998 年 1 月，中国科学院和中国工程院 163 位院士面对黄河的连年断

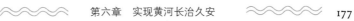

流联名签署向社会发出一份呼吁书："行动起来，拯救黄河"。同年，"保护母亲河"被列为全国政协1号提案。

1999年1月，共青团中央、全国绿化委员会、水利部、国家林业局和中国青少年发展基金会共同发起"保护母亲河行动"，随后启动黄河三角洲万亩青年生态林工程。

1999年2月，经国家授权，黄河水利委员会建立起权威、高效的全流域水资源统一管理体制，对全河水量实行统一调度。

1999年6月，由全国人大环境与资源保护委员会、中宣部、水利部等14个部委组织的"爱我黄河"记者采访团，对黄河流域进行大规模、全方位、多层次的宣传采访活动。

新的世纪，如何从战略的高度，统筹解决黄河洪水威胁、黄土高原水土流失、水资源供需矛盾尖锐、下游频繁断流、水污染和水生态环境持续恶化等一系列重大问题？如何使黄河更好地造福中华民族？黄河的问题引起了党和国家领导同志的高度关注和深刻思考。

面对世纪之交黄河出现的新情况、新问题，遵照中央领导指示精神，黄河水利委员会及时组织有关专家开始黄河重大问题及其对策的研究。2000年8月，完成《黄河的重大问题及其对策》研究报告及黄河防洪、水资源利用、水土保持等10个专题子报告，该成果后来改编为《关于加快黄河治理开发若干重大问题的意见》，并据此编制了《黄河近期重点治理开发规划》。

《黄河近期重点治理开发规划》针对黄河重大问题，特别是防洪减淤、缺水断流、生态环境恶化等新情况、新问题，贯彻了国家可持续发展和实施西部大开发战略的要求，提出了2010年以前黄河防洪、水资源利用及保护、水土保持生态建设等方面的安排。

2002年1月，规划通过水利部专家审查。在征求国家18个部委及流域8省（区）意见后，上报国务院。

2002年7月14日，国务院正式做出批复，原则上同意《黄河近期重点治理开发规划》。

　　规划确定了近期黄河治理开发的三大重点：

　　一是把黄河下游防洪减淤作为治理重点。加强堤防、河道整治工程和分滞洪工程建设，同时建设黄河干流宁蒙河段、禹门口至潼关河段及渭河下游等重点治理河段的河防工程，进行黄河滩区和蓄滞洪区的安全建设，并完善非工程防洪措施，重点保障黄河下游防洪安全。

　　二是把解决黄河流域水资源不足和水污染问题放到突出位置。以宁蒙河套平原、汾渭盆地和豫鲁沿黄平原灌区为重点进行灌区节水改造，并加强城市节水工作。建立合理的水价形成机制，加快引黄水价改革步伐，充分利用经济杠杆，促进节约用水。尽快建立黄河水量调度系统，实行水资源统一管理。地方各级人民政府要切实加强水资源保护和水污染防治工作力度，加强

对入河污染物排放总量的控制和断面水质监测，为环保执法提供依据。

三是切实加强黄土高原水土保持工作。充分发挥生态系统的自我修复能力，实行封山育林、封坡禁牧，有计划、有步骤地实施退耕还林还草。要加强山、水、田、林、路综合治理，进一步加大水土保持执法监督力度，加强对开发建设项目的监督管理，切实控制人为造成新的水土流失。

规划提出，要抓紧沁河河口村、中游干流古贤水利枢纽等骨干工程和黑山峡河段开发的论证工作，加快南水北调西线工程前期工作步伐。

《黄河近期重点治理开发规划》是国家通过的又一部重要黄河规划，为21世纪黄河治理开发开启了新的征程。

2014年9月，沁河河口村水库下闸蓄水

第二节　九曲黄河千重浪

黄河作为我国西北、华北地区重要的水源，从 20 世纪 70 年代开始，疲态尽显、难堪重负，频繁出现断流。

1997 年，黄河断流后济南泺口铁路桥河段情景

黄河断流之初，国家和行业管理部门解决黄河缺水和断流问题的努力已悄然展开。自 20 世纪 70 年代以来，黄河水利委员会开展了大量的调查研究工作，提出了沿黄各省（区）用水现状及发展趋势的预测，并于 1984 年编制完成《黄河水资源开发利用预测》，其中提出作为南水北调工程生效前黄河可供水量的分配方案。1987 年 9 月 11 日，国务院批准了《黄河可供水量分配方案》，将 370 亿立方米的黄河可供水量分配给流域内 9 个省（区）及河北省、天津市，分配输沙、生态等河道内用水 210 亿立方米。该方案较好地兼顾了各地区经济社会发展用水和河流自身用水需求，为流域水资源开发利用和管理提供了基本依据。这一配水方案史称"八七"分水方案，至今在黄河水资源管理中具有指导意义。

1998 年 12 月，为解决黄河断流危机，国家颁布实施《黄河水量调度管理办法》，授权黄河水利委员会实行黄河水量统一调度，这在我国七大江河流域中首开先河。1999 年 3 月 1 日，黄河水利委员会发布了第一份调度指令，10 天后黄河下游按计划全线恢复过流。

水量统一调度后，济南泺口铁路桥河段情景

按照国务院《取水许可制度实施办法》和水利部授权，黄河水利委员会1994年开始在流域管理中全面实施取水许可制度，负责黄河干流及重要跨省（区）支流取水许可的全额或限额管理。

自2002年开始，在黄河流域率先实施了取水许可审批总量控制，即许可各省（区）耗水总量不得超过国务院分水指标。取水许可审批总量控制的实施，有效控制了引黄用水规模，也是确保《黄河可供水量分配方案》得到落实的重要措施。

随着用水量的增加，沿黄一些省（区）已无余留黄河水量指标，新增引黄用水项目受到限制，水资源的瓶颈制约作用日益凸显。为破解此难题，促进地方经济可持续发展，黄河水利委员会按照"节水、压超、转让、增效""可计量、可考核、可控制"的原则，2003年在宁夏、内蒙古开展了黄河水权转让试点工作，从供给侧着手，鼓励开展水权转让，培育水市场，积极探索水市场在水资源配置中的作用。

行政、法律、工程、科技、经济五措联动

通过实施水量统一管理与调度，到 2019 年 8 月 12 日，黄河实现连续 20 年不断流。黄河水量统一调度实行以省（区）际断面流量控制为主要内容的行政首长负责制；严格落实《黄河水量调度条例》等法律法规，水资源管理制度体系日趋完备；联合调度干支流骨干水库，充分调节水资源时空分布；提升黄河水资源调度与管理系统，为"精细调度"黄河水资源提供强大科技支撑；探索利用市场手段优化配置黄河水资源的途径，开创全国水权转让与交易先河。

黄河水资源在"先天不足"的情况下，完成数十次引黄济津、引黄入冀、引黄济青等跨流域应急调水任务。

如今的黄河，生命得到回归。自黄河水量实施统一管理与调度后的 20 多年来，生机勃勃的黄河似一条生态廊道，辐射流域面积 75 万余平方千米的绿水青山，成为固守北方生态安全的屏障。2019 年，累计超过 6000 亿立方米水量滋养了干旱缺水的黄河流域及供水区，浇灌千里沃野，输入厂矿企业，泽被千家万户；黄河三角洲自然保护区湿地明水面积由原来的 15% 增加到现在的 60%，自然保护区鸟类增加到 368 种，久违的洄游鱼类重新出现，河口三角洲再现草丰水美、鸟鸣鱼跃的动人景象。

党的十八大以来，黄河水利委员会认真落实习近平总书记治水重要论述精神，积极践行水利改革发展总基调，在完善国家统一分配水量、省（区）负责配水用水、用水总量和断面流量双控制、重要取水口和骨干水库统一调度模式的同时，持续强化科学调度和监督管理，发挥了有限水资源的综合效益，确保了供水安全，为世界江河治理与保护、人与自然和谐共生提供"中国范例"。

黄河引黄入冀补淀工程向白洋淀实施生态补水

2020年，黄河生态调水期间刁口河入海口

第三节　黄河万里浪淘沙

　　"黄河斗水，泥居其七。"黄河是世界上含沙量最大的河流。黄河水少沙多、水沙关系不协调，是其复杂难治的症结所在。黄河流经黄土高原，每年进入黄河下游的泥沙多达 16 亿吨，其中有 4 亿吨沉积在河床，致使下游河段平均每年以 10 厘米的速率淤积抬升，黄河下游形成地上悬河。下游河道不断淤积抬高，导致黄河"善淤""善徙"，历史上曾造成不少灾害，也为治理带来诸多挑战。减少泥沙淤积，一直是历代治黄专家孜孜以求的目标。

　　1997 年，国家计划委员会和水利部审查通过了《黄河治理开发规划纲要》。此纲要在黄河防洪减淤上，明确地提出了处理洪水"上拦下排，两岸分滞"的方针，处理泥沙"拦、排、放、调、挖"的方略。在"拦、排、放、调、挖"五字方略中，"调"是提高排沙效果的有效手段，是实现黄河下游泥沙不淤积、河床不抬高治理目标的重要措施，在整个黄河治理开发中起着十分关键的作用。

　　所谓"调"，就是调水调沙，即通过黄河干流骨干工程对水沙进行有效的控制与调节，改变"水少沙多，水沙时空分布不均衡，易于造成河道淤积"的自然状态，最大限度地把泥沙输送入海。

　　调水调沙必须有一定的输沙水量作为基本保障。2001 年，小浪底水利枢纽建成，利用小浪底水库所保持的 51 亿立方米有效库容进行调水调沙，减缓下游河道淤积，使水沙相对平衡，为水沙调控工作提供了新思路。

　　2002 年 7 月 4 日 9 时，随着小浪底水库闸门开启，数十米水流从高空喷涌而下，不同层面导流洞喷涌出的巨大水流，奔向黄河下游河床。

　　这是黄河水利委员会首次实施的大规模调水调沙试验，通过小浪底水库调控水沙，变水沙不平衡为水沙平衡，形成有利于河床冲刷的水势，为小浪

黄河小浪底调水调沙开闸放水场景

底水库今后长期运用和下游河道减淤提供科学的数据，从而实现"河床不抬高"的治黄目标。

黄河调水调沙是一项极为复杂的系统工程，要充分预测水库蓄水、河道来水等水情以及未来天气预报情况，还要考虑从小浪底坝下至入海口近千千米河床冲刷、淤积、工程出险等工情，对于在调水调沙过程中，两岸引水、蒸发、漫滩以及冲刷淤积等因素，均需要进行大量科学分析计算和各方的积极配合。

本次试验中使用了大量的现代化技术与设备，包括天气雷达、全球定位系统、卫星遥感、地理信息系统、水下雷达、远程监控、图像数据网络实时传输等技术，首次实现了"原型黄河""数字黄河""模型黄河"三条黄河的联动。试验期间，通过小浪底水库的调控，"人造洪峰"通过花园口站的流量为 2600 立方米每秒，下游河槽得到明显冲刷，并且没有出现人们担心的"冲河南，淤山东"现象，河道状况整体改善。

从 2002 年起，经国家防汛抗旱总指挥部的批准，黄河水利委员会连续

3 年开展了基于不同条件下的大规模调水调沙试验。

第二次调水调沙试验始于 2003 年 9 月 6 日，黄河水利委员会利用小浪底水库、陆浑水库和故县水库进行水流对接调水调沙，历时 13 天，1.2 亿吨泥沙被送入大海。在调度过程中，达到既排出小浪底水库的库区泥沙，又使小浪底至花园口"清水"不空载运行，同时使黄河下游河道不淤积的目的，取得"一箭三雕"的效果。

2004 年 6 月 19 日，第三次调水调沙试验启动，除小浪底水库外，又加入了黄河干流万家寨、三门峡水库。本次调水调沙历时 24 天，积累了在上下游无洪水情况下也能调水调沙的重要经验，填补了调水调沙类型中的一项空白，使黄河在常见气象及水情条件下都可以持续地调水调沙。经过黄河防汛抗旱总指挥部的精心设计和科学调度，作为第三次调水调沙试验的关键环节和突破难点——人工塑造异重流获得成功。

黄河小浪底水库异重流排沙成功

黄河异重流

异重流是一种罕见的水流形式。当高含沙洪水进入水库库区后，由于密度差而潜入清水之下，如果前进动力足够，异重流将形成潜流沿库底向坝前行进。黄河异重流首次出现于 20 世纪 60 年代的三门峡水库，2001 年 8 月，小浪底水库也开始出现异重流，2003 年 8 月至 9 月间，小浪底水库又出现了两次异重流。

人工塑造异重流的成功能够有效减少水库淤积，调整库区特别是小浪底库区上段泥沙淤积形态，排泄细颗粒泥沙出库。因此可以说，黄河第三次调水调沙试验人工异重流的成功塑造，既是对异重流产生、运行等规律运用的一次成功尝试，也是对黄河异重流运动规律研究的一次实际检验，表明中国已经逐渐认识并掌握了水库异重流的规律。

据测算，通过三次调水调沙试验，约 3 亿吨泥沙被送入大海，下游河道主河槽得到全面冲刷，槽底高程平均下降 1 米，再加上小浪底水库建成初期的清水下泄对下游河道的冲刷作用，黄河下游河道的最小过流能力从 1800 立方米每秒提高到 3000 立方米每秒。三年调水调沙试验的实践证明，通过完善水沙调控体系，塑造协调的水沙关系，可以有效遏制黄河下游河道持续恶化的趋势，使河道形态最终得以良性维持。

在总结三次试验结果的基础上，黄河水利委员会决定，从 2005 年起，黄河调水调沙正式转入生产运用阶段。从此，调水调沙作为 21 世纪黄河治理的一项关键技术投入常规运用。

　　由于小浪底水库拦沙和调水调沙运用，河道主槽排洪输沙功能逐步恢复。下游河道最小平滩流量由 2002 年汛前的 1800 立方米每秒提高到 2020 年汛后的 5000 立方米每秒，中水河槽塑造及维持得以实现，"二级悬河"的不利态势得到缓解。主槽过洪能力的提高，改善了黄河下游滩区"小水大漫滩"状况，对沿黄及滩区群众的生产生活和社会稳定发挥了重大作用。

三次调水调沙，黄河下游河道主河槽下降效果显著

　　在 2011 年 1 月 14 日召开的国家科学技术奖励大会上，黄河调水调沙理论与实践等 16 个科技创新项目获得 2010 年度国家科学技术进步奖（通用项目）一等奖。

第四节　堤防永固　大河安澜

　　黄河下游以悬河著称，洪水全靠两岸堤防约束。高耸的黄河大堤犹如雄伟的水上长城，护卫着两岸人民的生命财产安全。当九曲黄河穿越历史的时空进入 21 世纪，人民治黄取得了岁岁安澜的丰功伟绩。

　　经过 3 次大规模修堤，黄河下游堤防抗洪能力有了一定增强，但仍然存在不少隐患和薄弱环节。例如，由于黄河的泥沙问题还没有根本解决，主槽不断萎缩，二级悬河加剧，黄河下游地上悬河和游荡多变的特性依然存在，中常洪水极易形成斜河、横河，有可能造成黄河堤防冲决或溃决，对黄河构成很大威胁。

　　2001 年 6 月，时任水利部部长汪恕诚提出了"堤防不决口、河道不断流、水质不超标、河床不抬高"的 21 世纪黄河治理开发的具体目标，并把堤防不决口作为黄河水利委员会的首要任务。

　　2002 年 7 月，国务院批复了《黄河近期重点治理开发规划》，要求用 10 年左右时间初步建成黄河防洪减淤体系。选定放淤固堤作为黄河下游堤防加固的主要措施，对于实施放淤固堤难度较大的堤段，采用截渗墙加固；对于达不到规划标准的堤防要加高帮宽，堤顶路面硬化；对于达不到规划设计要求的险工，进行改建加固。规划的批复为实现"堤防不决口"提供了政策支撑和资金保障。

　　为了落实这一要求，黄河水利委员会明确提出实施黄河标准化堤防建设。所谓标准化堤防，是按照现有设计标准对黄河防洪工程进行放淤固堤、堤身帮宽、险工改建、防浪林建设等，实现集防洪保障线、抢险交通线和生态景观线功能于一体的标准化的堤防体系，确保黄河下游防御花园口流量 22000 立方米每秒洪水大堤不决口。

　　鉴于此项建设工程量大、投资多，根据国家投资规模安排，决定将黄河下游标准化堤防工程分两期进行。

2002 年 7 月至 2005 年 6 月，河南、山东两河务局近万名建设者团结拼搏，科学安排，历尽艰辛，克服了施工工期紧、迁占问题多、建设任务重等困难，河南郑州至开封 159.162 千米和山东菏泽、东明、济南 128 千米的第一期标准化堤防全部建设完成，共完成土方工程量 1.26 亿立方米、石方工程量 69.18 万立方米，迁移安置人口 2.34 万。工程建设征地 3 万多亩，拆迁房屋 80 多万平方米，总投资约 29 亿元。

2004 年年底鏖战中的兰考黄河标准化堤防建设工地

2004 年山东黄河标准化堤防工程机淤固堤百船大战

2007 年，济南黄河第一期标准化堤防工程获评中国水利工程优质（大禹）奖，2008 年又问鼎中国建设工程质量最高奖——"鲁班奖"

　　2006—2008 年，水利部批复了 2005 年、2006 年、2007 年 3 个年度黄河下游防洪工程建设的实施方案，共计安排投资 37.37 亿元，标准化堤防建设工作持续推进。从 2006 年开工至 2011 年全面完工，共完成堤防帮宽 455.781 千米，堤防加固 159.439 千米，防洪工程抵御洪水能力不断提高。

　　党的十八大以来，国家共安排黄河水利委员会水利工程建设项目 99 个，工程概算总投资 175.63 亿元，其中黄河下游近期防洪工程、黄河下游防洪工程等项目纳入国家 172 项节水供水重大水利工程项目，并落地实施。

　　——黄河下游近期防洪工程，2012 年 11 月主体工程开工，2017 年 8 月通过竣工验收。该工程共帮宽干流堤防 120.3 千米，加固干流堤防 141.6 千米，改建加固险工 16 处，新续改建控导工程 17 处，加高加固东平湖二级湖堤 20.2 千米，加固沁河堤防 4.8 千米，该工程的完工和投入使用，进一步完善了黄河防洪工程体系，提高了黄河下游防洪能力，保障了沿黄地区人民生命财产安全。

　　——黄河下游防洪工程，国务院要求 2015 年开工的 27 项重大水利工程之一，包括河南段和山东段。该工程的主要建设内容为：堤防加固 246.287 千米，改建新建堤顶防汛道路 803.306 千米，险工改建加固 25 处 748 道坝（垛），控导工程新建续建 34 处 18.451 千米，防浪林建设 86.998 千米。工程总投资 75.06 亿元。

　　2002—2018 年，黄河水利委员会调度骨干水库实施 19 次调水调沙和 2018 年防洪运用，共排沙 10.92 亿吨，下游河道最小过流能力由 1800 立方米每秒恢复到 4200 立方米每秒，遏制了河淤、水涨、堤高的恶性循环。

　　进入 21 世纪以来，通过实施黄河标准化堤防建设和重大防洪工程治理，已初步建成了由堤防、险工、河道整治工程和蓄滞洪区组成的高标准防洪工程体系，成为捍卫黄河下游安澜、百姓安居、社会安定的坚实屏障。依靠日益完善的防护工程体系，不断提升的非工程措施，加之沿黄各级政府强大的防汛组织动员能力，先后战胜了 2003 年、2011 年秋汛和 2012 年流域性大洪水、2014 年严重秋汛等，实现了黄河岁岁安澜，创造了巨大的社会效益、经济效

建成后的黄河标准化堤防工程

益和生态效益，确保了沿黄地区人民群众的生命安全，有力促进了黄河流域及相关地区经济社会的可持续发展。展望未来，随着古贤水利枢纽工程、禹门口至潼关河段治理工程、黄河黑山峡河段开发等一大批工程陆续开工建设，将进一步完善黄河防洪减淤体系，为黄河长治久安、健康发展提供有力支撑。

古贤水利枢纽工程

古贤水利枢纽工程是国务院批复的《黄河流域综合规划》和《黄河流域防洪规划》等重大规划中确定的黄河干流控制性骨干工程之一，是实现黄河流域生态保护与高质量发展的重要举措。黄河古贤水利枢纽工程位于黄河北干流下段，坝址右岸为陕西省宜川县，左岸为山西省吉县，上距碛口坝址235.4千米，下距壶口瀑布10.1千米，控制流域面积489944平方千米，占三门峡水库流域面积的71%。古贤水利枢纽工程是黄河水沙调控体系的重要组成部分，具有防洪、减淤、供水、发电、灌溉等综合效益。2020年6月19日，水利部将可研报告审查意见报送国家发改委申请立项，尚未开工建设。

第五节　系统治理　总体布局

党的十八大以来，习近平总书记站在党和国家事业发展全局的战略高度，立足我国基本国情、水情和经济社会发展实际，多次就治水兴水发表重要讲话、做出重要指示，提出了"节水优先、空间均衡、系统治理、两手发力"的十六字治水方针。新时代、新要求，迫切需要治黄工作主动适应社会主要矛盾转化，顺应时代发展新需求，为实现人民群众对美好生活的向往提供有力支撑。

进入新时代，治黄情势又发生了新的变化。一是黄河来水来沙显著减少，黄河天然径流量已不足 500 亿立方米，黄土高原入黄泥沙也由原来的年均 16 亿吨减少到 2000 年以来的 2.4 亿吨。二是水沙调控体系初步建成，黄河干支流上建成了龙羊峡、刘家峡、三门峡和小浪底等控制性工程，已建水库库容近 800 亿立方米，下游两岸 1371.2 千米临黄大堤进行了 4 次加高培厚，调水调沙使下游河槽平均冲深 2.5 米，水沙关系不协调问题得到初步改善，"悬河"得到遏制，河道游荡性大幅度减小，洪水得到有效遏制。三是水资源综合管理能力显著提高，资源分配日趋合理，尤其是全河水量统一调度的实施，保障了黄河连年不断流，黄河流域生态环境得到

绿色成为黄土高原主色调，流域生态持续好转

逐步改善。

　　然而，黄河依然面临新老问题交织的局面。水资源短缺问题更加突出，流域内用水需求不断增长，还担负着向海河等外流域输水的任务，黄河流域地表水开发利用率远超黄河水资源承载能力。水沙调控体系仍不完善，黄河中游缺少承上启下的控制性工程，导致小浪底水库后续调控动力不足。宁蒙河段淤积形成新悬河，潼关高程居高不下，下游河道治理与滩区保护和发展矛盾十分突出，下游滩区仍有100多万民众、340万亩耕地安全保障不足。流域水生态环境仍很脆弱，水土流失治理任务依然艰巨，水污染突发事件时有发生。

　　解决黄河新老水问题，必须以习近平治水兴水重要思想为指导，立足黄河独特的水沙情势，顺应时代发展新需求和人民群众新期待，不断丰富完善"维持黄河健康生命，促进流域人水和谐"治黄思路与举措，管控水沙，节流开源，修复生态，确保防洪安全、供水安全、生态安全。

开封柳园口地上悬河

2013 年 3 月，国务院批复《黄河流域综合规划（2012—2030 年）》，这是中华人民共和国成立以来国家批复的第二部系统、全面、综合性的黄河流域规划。

在总结人民治黄 60 余年成就、经验教训的基础上，针对当时黄河防洪防凌形势依然严峻、水资源供需矛盾十分尖锐、水土流失防治任务依然艰巨、水污染防治和水生态环境保护任重道远、水沙调控体系不完善、流域综合管理相对薄弱等六个方面问题，提出了相应的基本思路。

规划认为，黄河"水少、沙多，水沙关系不协调"的局面将长期存在，治理开发黄河必须立足于这个基本的估计，努力增水、减沙，调控水沙。通过建设骨干水利枢纽，利用拦沙库容拦减泥沙，实施小北干流及其他滩区放淤，减少进入下游河道泥沙；通过强化节水和实施跨流域调水，有效增加黄河水资源量，基本保障经济社会发展和生态环境用水需求，实现河流生态系统良性循环；黄河下游河道治理以"宽河固堤"格局为基本方案，形成完善的河防工程体系，保持中水河槽排洪输沙功能，使洪水泥沙安全排泄入海；利用完善的黄河水沙调控体系联合运用，科学管理洪水，优化配置水资源，协调水沙关系，控制河道淤积，维持黄河健康生命，谋求黄河长治久安。为实现黄河治理开发与保护的总体目标，需要构建完善的水沙调控体系、防洪减淤体系、水土流失综合防治体系、水资源合理配置和高效利用体系、水资源和水生态保护体系以及流域综合管理体系。这六大体系既相对独立，又相互联系，其中水沙调控体系是防洪减淤体系、水资源合理配置和高效利用体系的核心，是治黄总体布局的关键。

为进一步丰富完善治黄思路措施，奋力夺取新时代治黄改革发展新胜利，黄河水利委员会提出了新的治黄思路与举措：

一是统筹兼顾、系统治理，管控好黄河洪水泥沙。紧紧围绕"两个坚持、三个转变"的总体要求，抓住黄河洪水泥沙的主要特性，统筹防洪减淤、协调水沙关系、合理配置和优化调度水资源等要求，统筹上下游、左右岸、开发与保护等关系，治水治沙治滩整体推进，山水林田湖草系统治理，构建完善的防洪减淤、水沙调控体系，处理好黄河洪水和泥沙。既要实现防洪减灾、确保安全的目的，又要稳妥推进洪水泥沙资源化工作，达到趋利避害的效果。

二是节水优先、开源并举，有效破解黄河水资源短缺瓶颈。深刻认识黄河流域资源性缺水的禀赋条件，把全面推进节约用水作为解决水资源供需矛盾的首要措施，紧密结合国家节水行动，不断提高用水效率和效益，加快建设流域节水型社会。从国家战略大局出发，综合考虑各方面发展需求，准确研判黄河水资源承载极限，在充分节水挖潜的基础上，深入研究并推进包括南水北调西线在内的各种调水入黄方案，从根本上解决黄河缺水制约发展的瓶颈问题。

南水北调西线工程

南水北调西线工程（项目处于前期论证阶段，为未建项目），指在长江上游大渡河、雅砻江和通天河上筑坝建水库，采用隧洞穿过长江与黄河的分水岭巴颜喀拉山，自流向黄河上游补水，是解决我国西北干旱缺水，促进黄河治理开发的战略工程。

西线工程可实现调水170亿立方米，基本上能够缓解黄河上中游地区2050年左右将会出现的缺水情况。

三是保护为重、防治结合，修复好黄河水生态。加大对黄河水生态环境的保护力度，促进经济社会发展与水资源水环境承载能力相协调。全面推进黄土高原水土流失综合治理，因地制宜地布设工程措施及生态自我修复措施，促进黄土高原生态修复。加强岸线保护和开发利用管理，促进河湖休养生息。推进黄河生态调度，实现功能性不断流，增强黄河生态功能。强化水功能区和入河排污口管理，严格控制入河排污总量。加强水源涵养区、黄河源区生态保护，恢复绿水青山，为流域人民群众创造美好生活环境。

孟津黄河湿地

　　四是改革引领、创新驱动，推进黄河治理现代化。落实新发展理念，全面深化治黄改革，坚决破除一切不合时宜的思想观念和体制机制弊端，持开放态度对待增加入黄水量和解决滩区治理等问题的各类方案。树立"大黄河"意识，加强流域统筹，促进河长制与流域管理深度融合，全面推进依法治河与依法行政，深化综合执法改革，强化科技攻关和基础研究。全面提高治黄信息化水平，以信息化倒逼管理规范化，以信息化带动治黄现代化。推动黄河水价形成机制改革，加强对水权交易及实施情况的监督、检查，发挥市场在优化配置水资源中的作用。

　　为谋求黄河长治久安，维持黄河健康生命，促进流域人水和谐，在今后长时期内，需要继续加大黄河治理开发与管理保护力度，遵照"节水优先、空间均衡、系统治理、两手发力"十六字治水方针，通过管控水沙，节流开源，修复生态，构建完善黄河水安全保障体系，为实现人民群众对美好生活的向往提供有力支撑，让黄河永远造福中华民族。

第六节　让黄河成为造福人民的幸福河

2019 年 9 月，习近平总书记视察黄河并在郑州主持召开黄河流域生态保护和高质量发展座谈会，将黄河流域生态保护和高质量发展上升为国家战略，发出了"让黄河成为造福人民的幸福河"的伟大号召，为新时代黄河流域生态保护和高质量发展擘画出崭新的宏伟蓝图。

经过 70 多年的艰辛探索和不懈斗争，中国共产党领导人民治理黄河交出了一份亘古未有的优异答卷。在党中央坚强领导下，沿黄军民和黄河建设者开展了 4 次大规模堤防建设，兴建了龙羊峡、刘家峡、小浪底等一批重要水利枢纽，实现了从被动治理到主动调控并科学利用的重大突破，确保了 70 多年来黄河伏秋大汛岁岁安澜，彻底改写了历史上黄河"三年两决口，百年一改道"的险恶局面。2018 年，通过自流引水、提水灌溉、节水改造，黄河流域引黄灌溉面积由中华人民共和国成立初期的 1200 万亩增加到 1.2 亿余亩，昔日的苦瘠之地变成了高产良田，形成了国家重要的粮棉生产基地，同时保障了沿黄大中城市生活和工农业生产、生态用水安全，1978 年以来，通过引黄济津、引黄济青、引黄入冀等引调水工程，有力支撑了天津、山东、河北等地区的经济社会可持续发展；黄河水电资源得到有序开发，水电装机容量累计 2200 万千瓦；黄土高原完成初步治理水土流失面积 22 万多平方千米，建成淤地坝 5.9 万多座，建设基本农田 550 万公顷，昔日山光水浊的黄土高原迈进了山川秀美的新时代。黄河以占全国 2% 的河川径流量，养育了全国 12% 的人口，灌溉了 15% 的耕地，创造了 14% 的国内生产总值。

黄河治理成就举世瞩目，但当前黄河流域仍存在一些突出困难和问题。黄河水资源开发利用长期超过承载能力，加之当前流域内国家中心城市、粮食基地、能源基地加快布局，水资源短缺成为流域最大矛盾；流域上、中、

山东滨州黄河标准化堤防

黄土高原淤地坝

下游存在不同生态问题，实现流域生态系统的高水平稳定依然任重道远，生态脆弱是流域最突出问题；黄河水沙关系不协调的特性没有改变，滩区防洪安全等问题尚未彻底解决，发生超标准洪水的概率累积增大，洪水仍是流域最大威胁。

　　黄河是世界上最为复杂难治的河流，黄河保护治理是一项长期任务。以习近平同志为核心的党中央，从中华民族伟大复兴的战略高度，以前所未有的节奏和力度，对黄河保护治理做出了一系列重大决策部署：坚持绿水青山就是金山银山的理念，坚持生态优先、绿色发展，以水而定、量水而行，因地制宜、分类施策，上下游、干支流、左右岸统筹谋划，共同抓好大保护，协同推进大治理，着力加强生态保护治理、保障黄河长治久安、促进全流域高质量发展、改善人民群众生活、保护传承弘扬黄河文化，让黄河成为造福人民的幸福河。

　　黄河流域生态保护和高质量发展上升为国家战略，赋予黄河流域管理机构黄河水利委员会新的重大使命。"十四五"时期，黄河水利委员会将全面贯彻习近平总书记关于黄河保护治理的重要论述精神，全面落实《黄河流域

黄河文化苑

生态保护和高质量发展规划纲要》部署，锚定幸福河建设目标，坚持生态优先、人水和谐，坚持节水优先、量水而行，坚持流域统筹、系统治理，坚持风险防控、保障安全，坚持改革创新、协同推进，在持久水安全、优质水资源、健康水生态、宜居水环境、先进水文化等方面实现新作为，确保治黄事业行稳致远，支持促进流域高质量发展，为全面建设社会主义现代化国家贡献黄河力量。

　　——防洪减灾能力持续提升。坚持按照"上拦、下排、两岸分滞"思路处理洪水，完善"上拦"工程体系，开工建设古贤水利枢纽，深化黑山峡、桃花峪枢纽重大专题论证和可行性研究，增强径流调节和洪水控制能力，降低下游滩区漫滩概率。巩固提升"下排"能力，推进下游河道综合提升治理，实施下游"十四五"防洪工程建设，开展险工改建加固、控导工程新建续建，进一步控制游荡性河段河势，建设下游防洪工程安全监控系统，加强工程维护，降低大堤安全风险；因滩施策，推进滩区综合提升治理，开展贯孟堤扩建、温孟滩防护堤加固改造，破解滩区防洪运用和经济发展的矛盾，畅通洪水通道，提高滩区安全水平。改善"两岸分滞"条件，推进东平湖综合治理，修建分洪入湖通道，确保分得进、排得出。建设黄河流域水工程防灾联合调

郑州桃花峪控导工程

度系统，实施干支流水工程统一调度，完善"一高一低"水库调度思路，提升防洪指挥调度能力。通过工程和非工程措施，确保花园口断面 22000 立方米每秒洪水大堤不决口。实施禹潼段和潼三段治理，减少塌滩、塌岸损失，补齐中游防洪短板。坚持以"拦、调、排、放、挖"方针综合处理泥沙，确保河床不抬高。实施粗泥沙集中来源区拦沙工程建设，从源头减少入黄粗泥沙，以干流骨干工程为基础、支流工程为补充，构建动力强劲的水沙调控工程体系；完善水沙调节机制，优化小浪底水库调水调沙，塑造有利于水库排沙和河道输沙的水量过程，减少水库河道淤积，稳定下游主河槽行洪输沙能力；实施河口治理，尽可能多排沙入海；创新泥沙综合利用技术，实现黄河保护治理和泥沙资源综合利用双赢。

——水资源节约集约利用水平显著提升。强化全面节水，积极推进国家节水行动，以农业节水为重点，推进青铜峡灌区、河套灌区、汾渭灌区和下游引黄灌区的续建配套和现代化改造，合理压减农业用水总量比例，农田灌溉水利用系数提高到 0.57 以上。严格管住用水，坚持以水而定、量水而行，优化调整"八七"分水方案，推进跨省（区）支流水量分配；把水资源作为最大的刚性约束，实行最严格的水资源保护利用制度，落实规划和建设项目水资源论证制度、节水评价制度，从源头控制水资源开发利用强度；完善全过程用水监管体系，实施水资源超载区暂停取水许可审批，促进超用水退减，降低水资源开发利用率。科学谋划调水，在全面节水的基础上，推进南水北调西线前期工作取得突破，积极支持引汉济渭二期、白龙江调水等跨流域调水工程建设，千方百计增加黄河水资源可利用量；实施黄河下游引黄涵闸改建，改善引水条件，保障供水安全。

——健康水生态和宜居水环境初步形成。加强黄土高原水土流失治理，坚持山水林田湖草沙系统治理、综合治理、源头治理，以小流域为单元，建设以淤地坝、旱作梯田、林草植被等措施为主的立体综合治理体系，确保泥不出沟、水不乱流，水土保持率进一步提高；建设黄土高原水土保持监测监管体系，完善监测网络和监管平台，全面提升水土保持监管能力，基本控制人为水土流失，促进黄土高原生态环境持续改善。持续实施全河生态调度，确保黄河不断流，保障干支流河道基本生态流量，力争利津多年平均入海水量不低于 150 亿立方米，初步遏制汾河、沁河等重要支流断流问题，提升干支流生态廊道功能。实施重点区域生态补水，建设清水沟、刁口河生态补水工程，连通河口水系，保障河口湿地生态流量及补水通道畅通，促进河口三角洲湿地生态持续向好；结合来水条件，优化实施乌梁素海、岱海、引黄入冀应急生态补水，促进生态脆弱区和敏感区生态修复治理。强化河湖管理，科学划定黄河流域水生态空间，加强河湖空间管控，深入开展河湖"清四乱"、采砂监管以及人造湖、人造湿地专项整治，全面遏制侵占河湖的行为，维护河湖健康。

乌梁素海湿地

——治黄文化保护传承弘扬能力显著提升。讲好治黄历史故事，加强治黄断代史研究，认真梳理治黄与治国的内在联系，全方位阐释治黄对中国社会治理体制的深刻影响，逐步形成完整的治黄通史，以古鉴今汲取哲学智慧和历史智慧。讲好人民治黄故事，创作一批精品图书、纪录片、书画作品等，讲述在党的领导下，老一辈治黄人筚路蓝缕、艰苦创业的故事，讲述沿黄军民团结拼搏，战胜 1958 年、1982 年等历次大洪水的故事，展现治黄人不畏艰险、执着坚守的无私奉献精神，展现社会主义制度的巨大优势，今昔对比坚定道路自信。丰富治黄文化载体，以东坝头、花园口等为依托建设治黄文化展示区；以兰州等重点水文站、三门峡等重点水利水电工程为依托建设治黄公众开放区；以河口模型基地、郑州模型黄河基地等为依托建设治黄科普研学区；同时建好用好网络平台，扩大公众参与，提升治黄工作的社会影响力。加强治黄文化遗产保护，开展黄河故道、工程遗迹、治河传统技术等遗产普查，加强治黄档案、影像资料数字化建设，推进保护措施落实。

——流域协同治理能力显著提升。完善流域管理法制体制机制，推动完成黄河立法，建立健全依法治河管河法规制度体系；完善流域规划体系，编制《黄河口保护治理实施方案》《二级悬河和下游滩区综合提升治理方案》等，完成《黄河流域防洪规划》修编；完善流域协调联动机制，加强与省（区）协作，推动建立黄河流域省级河长联席会议机制；加强与公安、检察、法院等部门协作，推广设立黄河环境资源巡回法庭等新方式，推动完善"河长＋检察长＋警长"联动模式，健全水行政执法与刑事司法协作机制，形成"共同抓好大保护、协同推进大治理"合力。强化治黄科技支撑，坚持创新核心地位，筹建黄河国家实验室，加快建设省部级重点实验室、工程研究中心；坚持"开门治河"与"强化内功"相结合，深化黄河水沙情势变化等自然规律研究，开展上游防凌调度、水生态修复等关键技术研究，积极申报国家级科技项目；抓好高标准新技术新工艺淤地坝、泥沙资源利用等技术研发和推广应用。推进智慧黄河建设，初步构建涵盖水灾害、水资源、水生态、水环境全要素的水文监测预报预警体系和保护治理全方位的智能感知网络体系；建设流域大数据中心，形成黄河流域综合治理和保护的大数据引擎，初步实现全流域监管"一张网"；实施水工程智能化改造，建成黄河保护治理智能应用体系。

在新的历史发展阶段，让我们牢记习近平总书记的殷殷嘱托，把握这一重大国家战略机遇，坚持大保护、大治理，统筹抓好黄河安澜、黄河生态、黄河文化建设，探索走好黄河生态保护和高质量发展路子，一年接着一年干，一张蓝图绘到底，努力打造大江大河保护治理的黄河范本，让黄河成为造福人民的幸福河。

参考文献

[1] 水利部黄河水利委员会《黄河水利史述要》编写组 . 黄河水利史述要 [M]. 北京：水利电力出版社，1984.

[2] 水利部黄河水利委员会 . 人民治理黄河六十年 [M]. 郑州：黄河水利出版社，2006.

[3] 河南黄河河务局 . 大河安澜——河南黄河治理开发七十年 [M]. 郑州：黄河水利出版社，2016.

[4] 陈梧桐，陈名杰 . 万里入胸怀——黄河史传 [M]. 上海：华东师范大学出版社，2019.

[5] 黄河水利委员会黄河志总编辑室 . 河南黄河志 [M]. 郑州：黄委会勘测规划设计院印刷厂，1986.

[6] 河南黄河河务局 . 河南黄河志（1984 ～ 2003）[M]. 郑州：黄河水利出版社，2009.

[7] 河南黄河河务局 . 河南黄河大事记 [M]. 郑州：黄河水利出版社，2013.

[8] 黄河水利委员会 . 世纪黄河　1901—2000[M]. 郑州：黄河水利出版社，2001.

[9] 李国英 . 维持黄河健康生命 [M]. 郑州：黄河水利出版社，2005.

[10] 王化云 . 我的治河实践 [M]. 郑州：河南科学技术出版社，1989.

[11] 侯全亮 . 一代河官王化云 [M]. 郑州：黄河水利出版社，1997.

[12] 侯全亮，魏世祥 . 天生一条黄河 [M]. 郑州：黄河水利出版社，2003.

[13] 黄河水利委员会 . 民国黄河大事记 [M]. 郑州：黄河水利出版社，2004.

[14] 陈维达，彭绪鼎 . 黄河——过去、现在和未来 [M]. 郑州：黄河水利出版社，2001.

[15] 王渭泾，王晓梅 . 黄河史话 [M]. 郑州：黄河水利出版社，2015.

[16] 杨明 . 极简黄河史 [M]. 桂林：漓江出版社，2016.

[17] 李国英 . 治理黄河思辨与践行 [M]. 北京：中国水利水电出版社，郑州：黄河水利出版社，2003.

[18] 王渭泾 . 历览长河——黄河治理及其方略演变 [M]. 郑州：黄河水利出版社，2009.

[19] 郭国顺 . 黄河：1946~2006——纪念人民治理黄河 60 年专稿 [M]. 郑州：黄河水利出版社，2006.

[20] 辛德勇 . 黄河史话 [M]. 北京：社会科学文献出版社，2011.

[21] 千析，王磊 . 人与黄河 [M]. 郑州：黄河水利出版社，2007.

[22] 祖士保 . 河南黄河治理开发实践 [M]. 郑州：黄河水利出版社，2017.

[23] 水利部黄河水利委员会 . 黄河流域综合规划（2012—2030 年）[M]. 郑州：黄河水利出版社，2013.

[24] 侯全亮 . 黄河 400 问 [M]. 郑州：黄河水利出版社，2016.

[25]《民国黄河史》写作组 . 民国黄河史 [M]. 郑州：黄河水利出版社，2009.

[26] 水利部黄河水利委员会 . 大河春潮——改革开放四十年治黄事业发展巡礼 [M]. 郑州：黄河水利出版社，2018.

[27] 水利部黄河水利委员会 . 绿色颂歌伴河涌——黄河水量统一调度二十年纪实 [M]. 郑州：黄河水利出版社，2019.

[28] 胡春宏 . 构建黄河水沙调控体系，保障黄河长治久安 [J]. 科技导报，2020，38（17）.